AF648800

Methodisch geordnete

Aufgaben

zu

Mehler's Hauptsätzen

der Elementar-Mathematik

von

H. Funcke
Prof. Dr.

Berlin
Druck und Verlag von Georg Reimer
1896.

Vorrede.

Mehler's Lehrbuch der Elementar-Mathematik wird an vielen Anstalten benutzt und verdient diese Verbreitung; aber es enthält keine Aufgaben. Die Wahrheiten und Methoden der Mathematik sind jedoch Werkzeuge, die der Schüler nicht nur kennen sondern auch gebrauchen lernen muß, wenn sie Wert für ihn haben sollen. Dies geschieht durch die Lösung vieler Aufgaben, die sich dem Gange des Unterrichts anschließen und im einzelnen vom Leichten zum Schwereren fortschreiten, auch durch die Reihenfolge der Fragen zu einer methodischen Aufsuchung (Analysis) des Lösungsweges anleiten. Wünschenswert dabei ist, daß die Anwendbarkeit in Wissenschaft und Leben durchschimmere und der Geist durch die Anwendung selbständiger und umsichtiger gemacht werde, als es (z. B. in der Algebra) durch das Marschieren auf der wohlbezeichneten Landstraße der Methoden allein geschieht. Die angewandten Aufgaben dürfen aber auch weder gekünstelt aussehn, noch viel Nebenbelehrung verlangen, welche außerhalb des sonstigen Unterrichts der betreffenden Klasse liegt. Diese Rücksichten erschweren die Aufstellung solcher Aufgaben um so mehr, als man einer angewandten Aufgabe wie auch vielen Konstruktionsaufgaben ohne Ausführung nicht immer gleich ansehen kann, welche mathematischen Vorkenntnisse ihre Lösung erfordert, wohin sie also gehört; solche Aufgaben muß also ein Aufgabenbuch in sachgemäßer Ordnung liefern, wenn auch aus Raummangel sparsam, gewissermaßen als Muster, und man verlangt solche auch schon deshalb, weil es viel Zeit raubt, sie zu diktieren. Uneingekleidete Gleichungen beliebigen Grades sind leicht aufzustellen; aber bei Gleichungen mit mehr als zwei Unbekannten kann es vorkommen, daß eine aus den andern folgt, oder auch, daß sie ihnen widerspricht, was man wenigstens für den Anfang gern vermeidet, oder daß bei nicht linearen Gleichungen die Elimination zu hoch hinauf führt. Gleichungen dritten und vierten Grades, die zu ihrer Lösung die Methode erfordern, aber doch nicht unter Zahlenwust der Rechnung verdecken, wie man sie für die erste Einübung der Methode wünschen muß, sind ebenfalls nicht ohne Umstände herzustellen.

Sparen zu dürfen habe ich in Zahlenaufgaben geglaubt, deren Wert zum größeren Teile in der Herausgabe der Lösungen bestehn würde, und übrigens in **den** Teilen, welche Sekunda und Prima angehn, weil diese Teile weniger gebraucht werden, und weil in diesen Klassen mehr die Lehre hervortritt und das Diktieren weniger bedenklich ist.

Funcke.

Fragen und Aufgaben

zu

Mehler's Elementar-Mathematik.

Die Angaben von Abschnitten und Paragraphen beziehen sich auf die zwanzigste Auflage des Lehrbuchs.

Raumlehre.

§ 1. 1) Denke dir Bausteine auf einander geschichtet! Nötigt uns etwas damit aufzuhören? Können wir nicht denken, die Steine seien ganz glatt und ohne Zwischenraum auf einander gelegt? Zerschneide ein Stück Holz, ein Stück Papier, einen Faden! Denke dir den Schnitt immer glatter, das Papier und den Faden immer dünner! Was ist die Grenze?

2) Zieh am Lineal einen Strich. Nimm 2 Punkte darauf an und lege vom einen zum anderen in beliebiger Krümmung einen Faden; zieh ihn straff und wälze ihn um seine Endpunkte!

3) Drehe dein Lineal um zwei Punkte des Strichs und zieh dann daran her einen neuen durch dieselben beiden Punkte! Thue das Gleiche mit einem Brettchen mit krummer Kante! Woran zeigt sich hierbei, ob die Kante gerade oder krumm ist?

4) Verschiebe das Lineal an dem Strich und dann quer dagegen, drehe es auf dem Papier! Was nennen wir eine „gerade Linie"; was nennen wir eine „ebene Fläche"?

Planimetrie.

§ 2. 1) Stell deinen Zirkel fest, setz die Spitze auf das Papier, dreh den Bleistift um sie auf dem Papier. Welches ist der geometrische Ort für einen Punkt *X*, der von einem festen Punkte *M* eine bestimmte Entfernung *r* hat?

2) Zeichne einen zweiten Kreis. In welchen Punkten sind die Kreislinien einander am nächsten, wo am fernsten? Wie viel ist der größte Abstand größer als der kleinste? Laß die Halbmesser immer kleiner werden, aber behalte die Mittelpunkte bei; wie weit müßtest du das fortsetzen, wenn die Kreise nur noch einen Abstand haben sollten?

I. Winkel und Parallellinien.

§ 3. 1) Halte einen Punkt einer Geraden fest auf dem Papier. Was für Bewegungen kann sie nun noch ausführen? Was für einen Weg beschreibt dabei jeder Punkt derselben?

2) Jede Gerade wird durch jeden ihrer Punkte in zwei einseitig begrenzte Stücke geteilt. Wir nehmen jedes in der Richtung vom gemeinsamen Endpunkte aus und nennen es Strahl. Welche Punkte eines Strahls beschreiben bei der Drehung die kürzeren Bögen? Wofür ist also ein Winkel das Maaß, und durch die Länge welches Weges ist er zu messen?

3) Wenn die Richtung von einem gegebenen Punkte *A* nach einem unbekannten Punkte X mit einer gegebenen Anfangsrichtung *AB* einen bestimmten Winkel α bilden soll, welches ist dann der geometrische Ort für *X*? (Der Drehungssinn des Winkels ist zu beachten.)

§ 4. 4) Nebenwinkel. Um wie viel Grad mußt du einen Strahl weiter drehen, der in die entgegengesetzte Richtung gebracht werden soll und schon um 60° gedreht ist?

5) Beweise, daß zwischen den Halbierungslinien zweier Nebenwinkel ein rechter liegt!

§ 5. 6) Scheitelwinkel. Wenn wir eine unbegrenzte Gerade um einen ihrer Punkte drehen, so drehen wir zwei entgegengesetzte Strahlen um ihren gemeinsamen Ausgangspunkt. Wie nennen wir die von diesen durch dieselbe Drehung überstrichenen Winkel? Was folgt daraus über deren Größe?

7) Beweise, daß die Halbierungslinien zweier Scheitelwinkel einen gestreckten einschließen!

§ 6. 8) Winkelpaare an zwei geschnittenen Geraden. Suche zu einem von zwei entgegengesetzten Winkeln den Wechselwinkel! Was ist der zum ersten? Suche den Scheitelwinkel, den Nebenwinkel, den Gegenwinkel, den Wechselwinkel und bestimme seine Lage zum ersten. Mache es mit beiden Winkeln zugleich so!

§ 8. 9) Von Parallelen. Was wird aus einem Paar Gegenwinkel, Scheitelwinkel, entgegengesetzter Winkel, wenn eine der von der dritten geschnittenen Linien so verschoben wird, daß sie mit der anderen zusammenfällt? Kann dies ohne Drehung geschehen, wenn die beiden Linien überall gleich weit von einander entfernt waren? Was ist über die Größen der Winkelpaare zu sagen?

10) Zieh mit Hilfe des Transporteurs eine Parallele durch einen gegebenen Punkt zu einer gegebenen Geraden. Thu das Gleiche mit einem gegebenen Winkel (Zeichendreieck).

11) Schneide zwei Parallele durch zwei andere Parallele. Das umgrenzte Viereck heißt Parallelogramm. Beweise, daß in einem Parallelogramm die Winkel an einer Seite sich zu zwei rechten ergänzen, und daß die gegenüberliegenden gleich sind.

12) Schneide von einem Parallelogramm die Gegenecken durch zwei Parallele ab und beweise, daß auch an diesen die gegenüberliegenden Winkel gleich sind.

13) Verlängere die Seiten eines Dreiecks nach den Richtungen, mit welchen du bei einem der beiden möglichen Umläufe in den Ecken ankommen würdest, denke zu diesen Strahlen Parallele von irgend einem Punkte aus gezogen und beweise, daß die Summe der drei Außenwinkel an den drei Ecken eines Dreiecks eine volle Umdrehung ausmacht!

14) Thu das Gleiche an einem Vieleck ohne einspringende Winkel!

II. Von den geradlinigen Figuren.

§ 12. 1) Zieh in einer Figur von beliebig vielen (n) Ecken alle Diagonalen, die von einer Ecke aus gezogen werden können. Warum müssen das drei weniger sein, als die Figur Ecken hat ($n-3$)?

Wenn du von jeder Ecke eines n-Ecks aus die sämtlichen Diagonalen neu oder wiederholt ziehst, wie viele Strecken ziehst du dann und wie oft jede? Wie viele Diagonalen hat ein n-Eck?

2) Ein Viereck mit einspringendem Winkel wird durch die Diagonale, welche von dessen Scheitel ausgeht, in zwei Dreiecke zerlegt, deren keins aus dem anderen herausgeschnitten werden muß, wenn man das Viereck aus ihnen bilden will. Durch Diagonalen, welche die einspringenden Winkel teilen, ohne einander im Innern der Figur zu schneiden, werden wir also jede Figur mit einspringenden Winkeln in Figuren ohne solche zerlegen können, deren Winkel die der ursprünglichen zusammensetzen. Beweise hiernach am Viereck, Fünfeck und Sechseck, daß die Winkelsumme auch dann $(n-2)$ gestreckte Winkel beträgt, wenn überstumpfe darunter sind.

§ 13. 3) Bezeichnungen: Große lateinische Buchstaben bedeuten Punkte, kleine lateinische bedeuten Strecken, kleine griechische Winkel und zwar werden in einem Dreieck eine Ecke, der anliegende Winkel und die gegenüberliegende Seite mit Buchstaben von gleichem Lautwert oder gleicher Stellung im Alphabet bezeichnet, wenn nicht der Zusammenhang mit anderen Teilen der Figur zu Abweichungen zwingt. In einem selbständigen Dreieck ABC, das eine ausgezeichnete Ecke hat (wie den Scheitelpunkt des stumpfen oder des rechten Winkels oder die Spitze im gleichschenkligen Dreieck), ist C dieselbe. Wenn ein Viereck nur zwei parallele Seiten hat, so heißen diese AB und CD, und zwar bedeutet die gleiche Buchstabenfolge gleiche Richtung. Ist über Parallelismus keine direkte oder indirekte Voraussetzung vorhanden, so stimmt die Reihenfolge der Buchstaben mit der Reihenfolge der Ecken bei einem Umlauf beim Viereck wie bei jedem Polygon überein. Der Mittelpunkt eines Kreises heißt in der Regel M.

§ 14. 4) Von den Dreiecksseiten. Zeichne über derselben Grundlinie $c = 5$ cm Dreiecke mit folgenden Seiten: 1. $a = 10$ cm, $b = 10$ cm; 2. $a = 5$ cm, $b = 5$ cm; 3. $a = 4$ cm, $b = 4$ cm; $a = 3{,}86$ cm, $b = 3{,}86$ cm; $a = 3$ cm, $b = 4$ cm; $a = 4$ cm, $b = 3$ cm; $a = 2{,}5$ cm, $b = 4{,}33$ cm; $a = 4{,}33$ cm, $b = 2{,}5$ cm; $a = 4{,}6$ cm, $b = 1{,}9$ cm; $a = 1{,}9$ cm, $b = 4{,}6$ cm; $a = 3$ cm, $b = 3$ cm. Versuche ferner über derselben Grundlinie Dreiecke mit den Schenkeln $a = 2{,}5$ cm, $b = 2{,}5$ cm und $a = 2$ cm, $b = 2$ cm zu zeichnen!

5) Beweise: 1. Jede Seite einer geradlinigen Figur ist kleiner als ihr halber Umfang. 2. Wenn man eine Ecke eines Dreiecks mit irgend einem Punkte der Gegenseite verbindet, so ist diese Ecktransversale kleiner als der halbe Umfang. 3. Wenn man einen Punkt im Innern eines Dreiecks mit zweien seiner Ecken verbindet, so ist die Summe der Verbindungslinien kleiner als die Summe der beiden Seiten, welche in der dritten Ecke zusammenstoßen. 4. Die Summe der Entfernungen eines Punktes im Dreieck von den Ecken ist größer als der halbe Umfang; ebenso im Viereck und in anderen Figuren. 5. Die Summe der Eckstrahlen nach einem Punkte im Dreieck ist kleiner als der ganze Umfang.

§ 15. 6) Beweise: 1. Sind zwei Winkel eines Dreiecks gleich, so sind sie spitz, ihre Außenwinkel auch gleich, aber stumpf. 2. In einem Viereck können alle vier Winkel rechte sein, aber nur drei stumpf, nur einer überstumpf. 3. Der Winkel zwischen der Halbierungslinie eines Dreieckswinkels und der aus demselben Scheitel gefällten Höhe ist gleich dem halben Unterschiede der beiden anderen Winkel.

§ 20. Congruenz. 1) Zeichne auf steifes Papier zwei Dreiecke ABC und $A'B'C'$, worin $\angle \alpha = \angle \alpha'$, $AB = A'B'$ und $AC = A'C'$, schneide beide aus, lege A' auf A, die Richtung $A'B'$ auf die Richtung AB und klappe die Fläche $B'A'C'$ auf BAC. Warum muß nun der Punkt B' auf B, die Richtung $A'C'$ auf AC, der Punkt C' auf C und die Seite $B'C'$ auf BC fallen?

2) Wenn man die Schenkel eines Dreieckswinkels über seinen Scheitel hinaus um ihre eigenen Längen verlängert und durch die neuen Endpunkte eine Gerade legt, so wird ein Scheiteldreieck umgrenzt, welches dem ersten kongruent ist.

3) In einem Viereck, in welchem ein Paar Gegenseiten parallel und gleich ist, ist es auch das andere.

4) Wenn man einen Schenkel des rechten Winkels eines rechtwinkligen Dreiecks über den Scheitel des rechten Winkels hinaus verlängert und das neue Ende mit dem Ende des anderen Schenkels verbindet, so entsteht ein Nebendreieck, welches dem ursprünglichen kongruent ist.

5) Wenn ein Viereck an einer Ecke gleichschenklig ist und die zugehörige Diagonale diesen Winkel halbiert, so ist auch der Gegenwinkel gleichschenklig und wird von der Diagonale halbiert.

6) Sind an einem Viereck zwei Gegenseiten gleich und die Winkel an einer der andern ebenfalls gleich, so sind die Diagonalen ebenfalls gleich und ebenso die Winkel, welche sie mit der Seite bilden, woran die vorausgesetzt gleichen Winkel liegen, und dieser Seite ist die vierte parallel, das Viereck ein Antiparallelogramm (gleichschenkliges Trapez) oder im besondern ein Rechteck.

7) Wenn in einem Viereck zwei Gegenwinkel gleich sind und die einschließenden Seiten ebenfalls, so halbiert die zwischenliegende Diagonale die Winkel.

Je zwei Punkte auf den Schenkeln eines Winkels, die gleich weit vom Scheitel desselben entfernt sind, haben auch gleiche Entfernungen von einem beliebigen Punkte der Geraden, welche diesen Winkel halbiert.

9) Die Mittelsenkrechte auf einer Strecke ist der geometrische Ort für die Punkte gleicher Entfernung von ihren Endpunkten; d. h. jeder ihrer Punkte hat gleiche Entfernungen von den beiden Endpunkten, jeder andere aber ungleiche (§ 14).

10) Durch den Schnittpunkt der Mittelsenkrechten auf zwei Seiten eines Dreiecks muß auch die auf der dritten gehn.

11) Jemand will die Breite eines Flusses bestimmen. Er steht aufrecht am einen Ufer, setzt seinen Hut so, daß der Rand der Krempe gerade den gegenüberliegenden Uferrand zu decken scheint, dreht sich herum und schreitet die Entfernung bis zu demjenigen Punkte des Feldes ab, den derselbe Teil des Hutrandes nun zu decken scheint. Auf was stützt er dies Verfahren, und was setzt es zu seiner Richtigkeit voraus?

§ 21. 1) Schneide zwei Dreiecke ABC und $A'B'C'$, worin $AB = A'B'$, $\alpha = \alpha'$ und $\beta = \beta'$, aus steifem Papier, lege A auf A', die Richtung AB auf $A'B'$, den Winkel α auf α'. Warum muß der Punkt B auf B', die Richtung AC auf $A'C'$ und BC auf $B'C'$ und der Punkt C auf C' fallen?

2) Halbiert eine Diagonale eines Vierecks die Winkel an ihren beiden Enden, so ist dasselbe an diesen beiden Gegenecken gleichschenklig (Deltoid).

3) Ziehn wir von der Mitte einer Seite eines Dreiecks Parallele zu den beiden andern und verbinden deren Endpunkte an dem Umfange des Dreiecks, so wird dieses in vier kongruente Dreiecke zerlegt.

4) Sind in einem Viereck beide Paare Gegenseiten parallel (Parallelogramm), so sind sie auch gleich und die Gegenwinkel gleich.

5) In einem Viereck, in welchem ein Paar Gegenseiten parallel und gleich sind, halbieren die Diagonalen einander.

4) Wenn die Winkel eines Dreiecks einzeln denen eines andern gleich sind, eine Seite aber kleiner ist als die entsprechende des andern, so sind es auch die beiden andern.

7) In einem Trapeze (Viereck mit einem Paare paralleler Seiten: „Grundlinien") schneiden die Diagonalen einander näher der kleinen Grundlinie als der großen.

8) Die Halbierungslinie eines Winkels ist der geometrische Ort für die Punkte gleicher Entfernung von seinen Schenkeln. Durch den Schnittpunkt N der Halbierenden zweier Winkel im Dreieck muß auch die des dritten gehn.

§ 23. (Gleichheit der Basiswinkel im gleichschenkligen Dreieck.)

1) Wenn eine Diagonale ein Viereck in gleichschenklige Dreiecke teilt, so teilt es die andere in kongruente. Dasselbe ist der Fall, wenn die erste einen Winkel halbiert und die ihr gegenüber liegenden Winkel gleich sind. Die zweite wird dann von der ersten unter rechten Winkeln halbiert.

2) Im gleichseitigen Dreieck fallen die Winkelhalbierenden mit den Höhen, den Mittelsenkrechten und den Ecktransversalen nach den Mitten der Gegenseiten zusammen.

3) Es sollen gleichschenklige kongruente Dreiecke so mit ihren Spitzen zusammengelegt werden, daß um diese herum ein regelmäßiges Vieleck (Seiten gleich und Winkel gleich) entsteht. Wie groß muß der Winkel an der Spitze sein, damit ein 4=Eck, 5=Eck, ..., n=Eck entstehe. Wie groß ist also der Winkel des regelmäßigen 4=Ecks, 5=Ecks, ..., n=Ecks?

Warum liegen alle Ecken einer regelmäßigen Figur auf einem Kreise und alle Seitenmitten auf einem andern? Wo liegen die Mittelpunkte dieser Kreise?

§ 25. 1) Je weiter sich ein Punkt auf einem Schenkel eines rechten Winkels vom Scheitelpunkte entfernt, desto weiter entfernt er sich auch von jedem andern Punkte des andern Schenkels.

2) Eine Gerade, welche einen Kreis so trifft, daß sie auf dem

zugehörigen Halbmesser senkrecht steht, liegt bis auf diesen einen Punkt ganz außerhalb des Kreises.

3) Die Diagonalen eines regelmäßigen Vielecks sind länger als seine Seiten und zwar um so viel mehr, je näher sie dem Mittelpunkte kommen.

§ 26. 1) Im Deltoid halbiert diejenige Diagonale, an deren Enden gleiche Schenkel zusammenstoßen, die Winkel und ist Mittelsenkrechte auf der andern.

2) Trage einen gegebenen Winkel an eine gegebene Gerade mit einem gegebenen Scheitelpunkte ab! Wie viele Möglichkeiten läßt die Aufgabe zu, wenn die Reihenfolge der Schenkel nicht bestimmt ist?

3) Trage an ein Dreieck ein kongruentes so hinan, daß zwei entsprechende Seiten in entgegengesetzter Richtung zur Deckung kommen! Wie liegen die Gegenseiten im entstandenen Viereck zu einander?

4) Trage an ein Dreieck ein kongruentes so, daß entsprechende Seiten in gleicher Richtung zur Deckung kommen! Was für ein Viereck entsteht nun?

5) Ist in einem Vierecke jede Seite ihrer Gegenseite gleich, so ist sie ihr auch parallel.

§ 27. 1) Zeichne ein Dreieck aus einem Winkel, einer anliegenden und der gegenüberliegenden Seite. Nimm die Gegenseite erst größer als die anliegende, dann kleiner, z. B. $\alpha = 60^\circ$, $b = 5$ cm und $a_1 = 7$ cm; $a_2 = 5$ cm; $a_3 = 4{,}6$ cm, $a_4 = 4\frac{1}{3}$ cm, $a_5 = 4$ cm. Wie viele Dreiecke lassen sich im ersten Falle bilden, wie viele im zweiten, wenn die Gegenseite nicht zu klein gegeben ist? Welcher Größenart ist im zweiten Falle der Winkel, welcher der nun größeren Seite (b) gegenüberliegt, im einen Dreieck, welcher Art im andern? Warum muß das so sein? Wie kann man also den vierten Kongruenzsatz ergänzen?

2) In kongruenten Dreiecken sind die Höhen auf entsprechenden Seiten gleich.

Gemischte Aufgaben zum Abschnitt II.

A.

Beweise: 1) Liegt ein spitzwinkliges Dreieck ganz in einem andern, so hat es einen kleinern Umfang.

2) In kongruenten Dreiecken sind entsprechende Ecken von den Mitten der Gegenseiten gleich weit entfernt.

3) In kongruenten Dreiecken sind die Schnittpunkte der Winkelhalbierenden gleich weit von den Seiten entfernt.

4) In kongruenten Dreiecken sind die Halbierenden gleicher Winkel gleich.

5) Die Halbierungslinien der Außenwinkel eines Dreiecks bilden ein Dreieck, $N_1 N_2 N_3$, in welchem die der Innenwinkel Höhen sind (AN_1, BN_2, CN_3).

6) Zieht man durch die Ecken eines Dreiecks Parallele zu den Gegenseiten, so sind die Höhen des ersten Dreiecks Mittelsenkrechte im zweiten.

7) Die Höhen jedes Dreiecks schneiden einander in einem Punkte H.

8) Schiebt man an einer Geraden auf der einen und der andern Seite ein rechtwinkliges Dreieck mit derselben Kathete entlang, so beschreibt die Gegenecke Parallele zur Leitlinie, in deren Mitte diese liegt. Wofür bilden diese Parallelen den geometrischen Ort?

9) Unter allen gebrochenen Zügen, welche zwei Punkte auf einer Seite einer Geraden mit einem Punkte derselben verbinden, ist derjenige der kürzeste, dessen Teile mit der Geraden gleiche Winkel bilden (benutze das Spiegelbild des einen der beiden Punkte). Unter allen einem spitzwinkligen Dreiecke einbeschriebenen Dreiecken hat das Dreieck der Höhenfußpunkte den kleinsten Umfang.

B.

Vorbemerkung. Für die Analysis (Aufsuchung der Mittel zur Lösung) der Aufgaben: Dreiecke, welche nicht gleichschenklig oder rechtwinklig zu sein brauchen, zeichne man deutlich anders. Wenn ein Winkel gegeben ist, pflegt es bequem zu sein, daß man mit ihm anfängt.

1) Errichte auf zwei Seiten eines spitzwinkligen, eines rechtwinkligen und eines stumpfwinkligen Dreiecks Mittelsenkrechte. Setz die Zirkelspitze im Schnitt ein und beschreibe um ihn durch einen Eckpunkt des Dreiecks einen Kreis. Warum

Fig. 1.

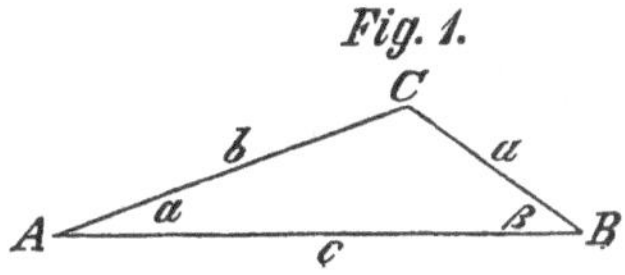

muß er auch durch die beiden andern gehn? Wie liegt der Mittelpunkt zum Dreieck beim rechtwinkligen? Wo bei den beiden andern? Warum?

2) Wo liegt der Schnittpunkt der Höhen 1) des rechtwinkligen, 2) des spitzwinkligen, 3) des stumpfwinkligen Dreiecks?

3) Beschreibe um den Schnittpunkt N der Winkelhalbierenden eines Dreiecks mit seinem senkrechten Abstande $ND =$ „ϱ" von der Seite BC einen Kreis und beweise, daß dieser die beiden andern Seiten in den Fußpunkten E und F der Senkrechten treffen muß und nur in ihnen!

4) Halbiere zwei Außenwinkel β_1 und γ_1 eines Dreiecks und beweise, daß ihr Schnittpunkt N_1 auf der Halbierungs-

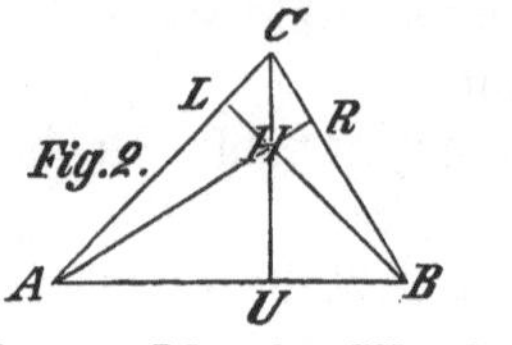

Fig. 2.

$AR = h_1$, $BL = h_2$, $CU = h_3$.

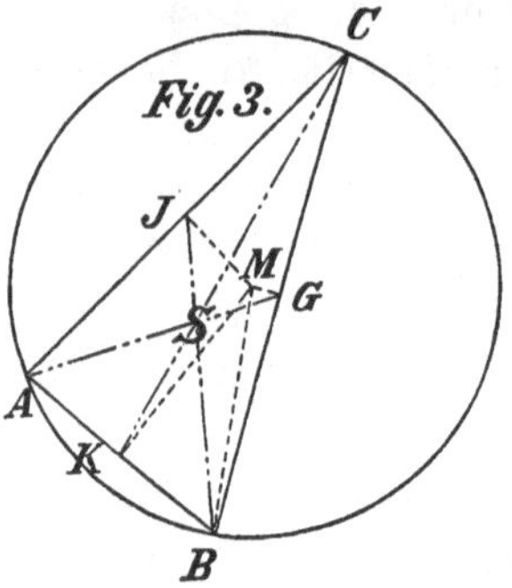

Fig. 3.

Vorauss.: $BG = GC$. Bezeichn. $AG = t_1$, $BJ = t_2$, $CK = t_3$.

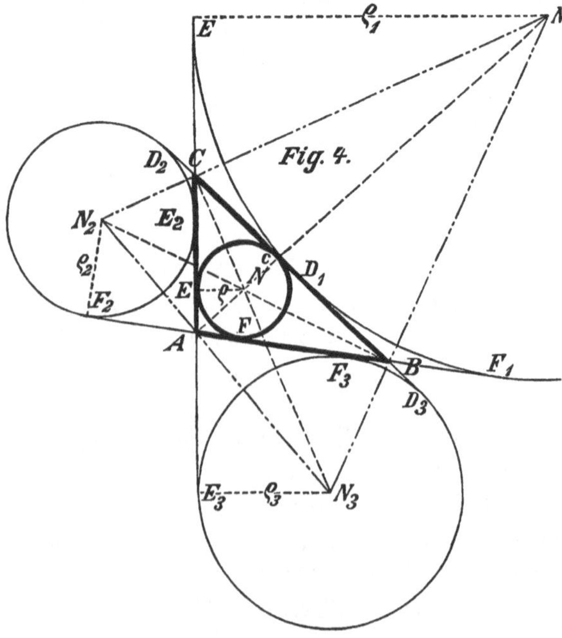

Fig. 4.

linie des Innenwinkels α an der dritten Ecke liegt; und ferner, daß der Kreis mit seinem Abstande $N_1D_1 =$ „ϱ_1“ von der Seite BC(„a“) als Halbmesser auch durch die Fußpunkte E_2 und F_2 der Senkrechten auf den Verlängerungen der beiden andern Seiten AC und BB geht.

Konstruiere ein Dreieck aus:

1) einer Höhe und den beiden Abschnitten, in welche sie die Grundlinie teilt. — Was wird es heißen, wenn der kleinere Teil als negativ bezeichnet wird?

2) dem Winkel α, der ihn halbierenden Strecke w_a und dem Winkel g, unter welchem diese auf die Grundlinie BC stößt.

3) h_a, w_a, $\beta-\gamma$. Bestimme den Winkel zwischen h_a und w_a.

4) zwei Seiten a und b und der Ecktransversalen t_a nach der Mitte der ersten.

5) einer Höhe h_a, der Transversalen t_a von demselben Eckpunkt A und dessen Gegenseite a (zwei Methoden: 1) Welches Teildreieck ist vollständig bestimmt? 2) Was für ein Viereck entsteht durch Verlängerung der Transversalen $AG(t_a)$ um ihre eigne Länge?)

6) dem Winkel α, der ihn halbierenden w_a und der von seinem Scheitel aus gefällten Höhe h_a.

7) der Seite b, der Höhe h_a und der Seitehalbierenden t_a, die alle von demselben Eckpunkte A ausgehen.

8) dem Halbmesser r des Umkreises, einer Seite a und a) der sie halbierenden Ecktransversalen t_a, oder b) der auf ihr stehenden Höhe h_a.

9) der Seite $BC = a$ und den Eckabschnitten BH und CH der von ihren Eckpunkten ausgehenden Höhen CU und BL.

10) zwei Höhenfußpunkten U und L und dem Höhenschnitt H. Welche Linie wird durch U und H ihrer Lage nach direkt und welche indirekt bestimmt?

11) b, h_a, t_a. — Wie weit ist G, der Fußpunkt der Transversale t_a, von der Seite $AC(b)$ entfernt?

12) den drei Höhenfußpunkten U, R und L.

13) Konstruiere ein gleichschenkliges Dreieck aus:

a) der Grundlinie c und der zugehörigen Höhe h_c.

b) dem Winkel an der Spitze γ und der Höhe h_a.

14) Lege die Schenkel eines gleichschenkligen Dreiecks seitlich

an die Grundlinie und verbinde die neuen Enden mit der Spitze. Was für Dreiecke sind an das ursprüngliche gelegt? Wie sind die Winkel des neuen Dreiecks aus denen des ursprünglichen zu bestimmen. Wie liegen die Enden der Basis des ersten Dreiecks zu den Hülfslinien?

15) Konstruiere ein gleichschenkliges Dreieck aus:
 a) dem Umfange und dem Winkel an der Grundlinie,
 b) dem Umfange und der Höhe auf der Grundlinie,
 c) dem Umfange und der Grundlinie.

16) Konstruiere ein Dreieck aus:
 a) $(a+b+c)=2s$, β und h_a,
 b) b, $(a+c)$, h_a,
 c) b, $(a-c)$, h_a,

17) Konstruiere ein Rechteck aus der Summe der Diagonale und einer Seite $(d+a)$ und aus der andern Seite b.

C.

Figuren von vier und mehr Ecken.

Konstruiere ein Parallelogramm aus:

1) einem Winkel und beiden Seiten.
2) einer Diagonale und den beiden Seiten.
3) einer Diagonale und den beiden Winkeln an ihr.
4) beiden Diagonalen und dem Winkel zwischen ihnen.
5) den beiden Diagonalen und einer Seite.
6) den beiden Seiten und einer Höhe.
7) einer Diagonale, einer Seite und der Höhe auf ihr.
8) einer Diagonale, einer Seite und der Höhe auf der andern.
9) einer Seite und den beiden Höhen.
10) den beiden Diagonalen und einer Höhe.

Konstruiere:

11) ein Dreieck aus zwei Seiten und der Transversale zwischen ihnen.

12) einen Rhombus aus den beiden Diagonalen.

13) die Mittellinie eines Trapezes aus den beiden Grundlinien.

14) eine Grundlinie aus der andern und der Mittellinie.

15) ein Trapez aus einer Grundlinie, den beiden anliegenden Winkeln und der Höhe.

16) — einer Grundlinie, beiden Diagonalen und der Höhe.

17) — den beiden schiefen Seiten, der Höhe und der kleineren Grundlinie.

18) — einer Grundlinie, einer Diagonale und den beiden schiefen Seiten.

19) — den vier Seiten (Hilfslinie: eine Parallele zur einen der schiefen Seiten durch ein Ende der andern).

20) — beiden Grundlinien und beiden Diagonalen (Hilfslinie: Parallele zu einer Diagonalen durch ein Ende der andern).

Konstruiere ein Viereck (Trapezoid) aus:

21) — drei Seiten und den beiden eingeschlossenen Winkeln.

22) — drei Winkeln und den beiden zwischenliegenden Seiten.

23) — vier Seiten und einem Winlel von bestimmter Lage.

24) — vier Seiten und einer Diagonale.

25) — drei Seiten und den beiden Diagonalen.

26) — drei Seiten, einem eingeschlossenen Winkel und seinem Gegenwinkel. Wie viele Fälle sind zu unterscheiden?

27) Konstruiere ein regelmäßiges Sechseck von gegebener Seite.

28) Beweise: aus einem regulären Sechseck schneiden die Diagonalen 13 und 46 ein Rechteck heraus, das $\frac{2}{3}$ so viel Fläche hat wie das Sechseck.

29) Wenn man die Ecken eines Quadrats durch gerade Linien so weit fortschneidet, daß das mittlere Drittel der Seite übrig bleibt, so ist das entstandene Achteck nicht regelmäßig, sondern die neuen Seiten sind länger als die stehen gebliebenen Stücke.

30) Konstruiere ohne Lineal weitere Punkte einer Geraden, von welcher bekannt sind:

a) zwei Punkte.

b) ein Punkt und zwei Punkte einer Parallelen.

c) ein Punkt und zwei Punkte einer Senkrechten.

31) Konstruiere ohne Lineal die Schnittpunkte eines gegebenen Kreises mit einer durch zwei ihrer Punkte bestimmten Geraden.

Abschnitt I und II.

Wiederholung und schwierige Aufgaben.

1) Auf einer gegebenen Geraden einen Punkt zu finden, welcher von zwei gegebenen Punkten gleich weit entfernt ist.

2) Wenn man den Schnittpunkt zweier Strahlen, die durch zwei feste Punkte gehen, auf einer Geraden entlang führt, so werden ihre Winkel mit dieser in einer Lage gleich. Diese Lage soll konstruiert werden.

3) Welche Strecken an oder in einem Dreieck sind die bequemsten zur Konstruktion? Wenn unter den Konstruktionsbedingungen sich die Summe zweier Seiten $(b+c)$ findet, werden wir also ein Uebergangsdreieck zu Hilfe nehmen. Zu was werden wir in demselben $(b+c)$ zu machen streben, ohne die Erfüllung der andern Konstruktionsbedingungen zu erschweren? Wie geschieht das am besten, wenn

a) die dritte Seite oder einer der Gegenwinkel gegeben ist?
b) der eingeschlossene Winkel gegeben ist?

4) Konstruiere ein Dreieck aus:

a) $(a+b)$, α und c,
b) $(a+b)$, γ und c,
c) $(a+b)$, h_a und c,
d) $(a+b)$, h_a und β.

5) Beweise, daß die Höhe h_b um die Höhe h_a zunimmt, wenn a um b wächst und die Winkel dieselben bleiben. (Rechtwinklige Dreiecke mit dem Winkel γ). Ebenso nimmt h_a (so heiße die größere) um h_b ab, wenn b um a abnimmt und die Winkel dieselben bleiben.

6) Konstruiere ein Dreieck aus:

a) $(a+b)$, (h_a+h_b) und $(a-b)$,
b) $(a-b)$, (h_a+h_b) und γ,
c) $(a-b)$, (h_a-h_b) und c.

7) Konstruiere ein Dreieck aus:

a) dem Umfange und zwei Winkeln,
b) dem Umfange, einem Winkel und der Höhe aus seinem Scheitelpunkte,
c) dem Umfange, einem Winkel und der Höhe auf einem seiner Schenkel.

8) Konstruiere ein gleichschenkliges Dreieck aus:
   a) der Grundlinie c und der Höhe auf ihr h_c,
   b) dem Halbmesser des Umkreises r und der Winkelhalbierenden w_c,
   c) der Grundlinie c und der Höhe auf einem Schenkel h_a,
   d) der Winkelhalbierenden w_a, dem Winkel zwischen ihr und der Transversalen t_a und dem halbierten Winkel α.

III. Vom Kreise.

Beweise bezw. beantworte:

1) Jeder Bogen eines Kreises ist kürzer als seine Sehne und länger als das Stück einer hierzu parallelen Tangente, welches zwischen denselben Mittelpunktsstrahlen liegt.

2) Die Halbierungslinien der Winkel eines beliebigen Vierecks schließen ein Kreisviereck ein.

3) Man trägt die Entfernung eines bewegten Peripheriepunktes von einem festen Durchmesser vom Mittelpunkte aus auf dem zugehörigen Halbmesser ab. Welches ist der geometrische Ort für den Endpunkt dieser Abtragung?

4) Was für ein Viereck ist $BNCN_1$? $\angle BNC = R - \frac{\alpha}{2}$; BN_1C?

5) Welches ist der Ort für den Schnittpunkt A zweier Strahlen BA und CA mit festen Drehpunkten B und C, wenn sie einen Winkel von gleichbleibender Größe α einschließen sollen? Was thut bei dieser Bewegung der Schnittpunkt P, in welchem die Halbierende des Winkels α den Umkreis des ursprünglichen Dreiecks schneidet?

6) Was für Bewegungen führen die Schnittpunkte der Winkelhalbierenden N und N_1 aus, wenn A auf einem Kreisbogen von B nach C geführt wird? Wie liegt der Punkt P der vorigen Aufgabe zu diesen Wegen von N und N_1?

7) Konstruiere ein Dreieck ABC aus:
   a) a, h und α,
   b) a, ϱ und α,
   c) r, ϱ und α,
   d) r, ϱ_1 und α,
   e) a, h_b und h_c,

f) α, h_b und h_c,

g) a, h_a, t_a,

h) α und den Teilen BQ und QC, in welche seine Halbierungslinie die Gegenseite teilt.

8) Ein Dreieck ABC ist durch zwei Seiten a und b und den eingeschlossenen Winkel γ bekannt. Man will die Lage eines vierten Punktes X gegen die drei Ecken aufzeichnen, von dem aus man sie wohl sehen, aber a) nur einen, b) keinen auf geradem Wege erreichen kann, und mißt darum im ersten Falle $XB = d$ und den Winkel BXA, im zweiten die Winkel $AXB = \xi_1$ und $BXC = \xi_2$. (Pothenot).

9) Konstruiere ein Dreieck aus:

a) den durch die Höhe auf BC erzeugten Projektionen BU und UC der Seiten c und b und dem Gegenwinkel α,

b) α, h_a und $BU—CU$,

c) $c—b$, a und α,

d) $c+b$, a und α,

e) ϱ, h_a und der Winkelhalbierenden w_a,

f) γ, w_c und w'_c (Halbierende des Außenwinkels γ' an C),

g) w_c, w'_c und a.

10) Konstruiere ein gleichschenkliges Dreieck, dessen Schwerlinie nach der Basis eine gegebene Länge t_c und a) dessen Innenkreis einen gegebenen Halbmesser ϱ (oder b) dessen Ankreis an c gegebenen Halbmesser ϱ_c) hat.

11) Konstruiere das Dreieck ABC, zu welchem die Eckpunkte eines gegebenen Dreiecks

a) die Mittelpunkte der Ankreise N_a, N_b, N_c,

b) Mittelpunkt des Inkreises N und zweier Ankreise N_b und N_c,

c) Mittelpunkt des Inkreises N, eines Ankreises N_a und eine Ecke B,

d) Mittelpunkt des Inkreises N und zwei Ecken B und C,

e) zwei Ecken B und C und Mittelpunkt N_a des zugehörigen Ankreises — sind.

12) Welche Bedingungen muß die gegenseitige Lage folgender drei Punkte erfüllen, wenn dazu ein Dreieck ABC möglich sein soll, und wie viele Dreiecke ABC lassen sich dazu konstruieren, wenn die

drei Punkte diesen Bedingungen entsprechend gegeben sind (Determination):

a) A, N und N_a?

b) N, B und N_a?

c) N_a, C und N_b?

13) Zieh an einen beliebigen Kreis (Mittelpunkt M, Halbmesser r) eine Tangente; nimm auf ihr einen beliebigen Punkt P an und zieh zu ihr die beiden Parallelen in der Entfernung e. Beweise, daß beide den Kreis um P mit dem Halbmesser e und je einen Kreis um M berühren, der für die eine den Halbmesser $(r+e)$ für die andere $(r-e)$ hat.

14) Konstruiere an zwei Kreise, die ganz außer einander liegen, sämtliche gemeinsame Tangenten. Wie viele äußere und wie viele innere giebt es?

15) Denk dir die beiden Kreise der vorigen Aufgabe gegen einander bewegt. Was geschieht mit den inneren Tangenten, wenn die Kreise zur Berührung von außen gelangen? Was, wenn sie einander schneiden? Was geschieht mit den beiden äußeren Tangenten, wenn der kleinere Kreis den andern von innen berührt? Wie viele gemeinsame Tangenten bleiben übrig, wenn der kleinere Kreis sich ganz in den größeren begiebt?

16) Konstruiere ein Dreieck aus:

a) α, ϱ und ϱ_a,

b) α, ϱ und b,

c) ϱ, ϱ_a und $\overline{NN_a}$,

d) ϱ_a, ϱ_b und $\overline{N_aN_b}$,

e) α, ϱ_b und ϱ_c.

Beweise:

17) Auf zwei Tangenten an einen Kreis, die einander schneiden, liegen zwischen dem Schnittpunkte und dem Berührungspunkte gleiche Strecken.

18) Der Scheitel eines Dreieckswinkels ist von den Berührungspunkten seiner Schenkel:

a) mit dem Ankreise, der in dem Winkel liegt, um den halben Umfang des Dreiecks entfernt ($AF_1 = AE_1 = s = BF_2 = BD_2 = CD_3 = CE_3$);

b) mit dem Inkreise um die Gegenseite weniger ($AF = AE = s - a$, $BF = BD = s - b$, $CD = CE = s - c$);

c) mit demjenigen Ankreise, welcher ihn auf der Dreiecksseite berührt, um den Ueberschuß des halben Umfangs über die Seite, welche auf dem andern Schenkel liegt ($AF_3 = s - b$, $AE_2 = s - c$);

d) mit demjenigen Ankreise, welcher die Verlängerung über den Scheitel hinaus berührt, um den Ueberschuß des halben Umfangs über die Seite, welche auf demselben Schenkel liegt ($AF_2 = s - c$, $AE_3 = s - b$).

19) Der Berührungspunkt des Inkreises und der eines Ankreises schneiden auf der berührten Geraden ein Stück heraus, welches gleich ist der zwischen beiden Kreisen liegenden Dreiecksseite, wenn beide auf derselben Seite der Tangente liegen, und gleich dem Unterschiede der beiden Seiten, die den gemeinsamen äußeren Tangenten angehören, wenn die Kreise auf entgegengesetzten Seiten berühren

$$(EE_1 = FF_1 = a, \; DD_1 = c - b).$$

20) Zwei Berührungspunkte der vier Kreise, welche zwischen denselben beiden Eckpunkten liegen, sind von ihnen gleich weit entfernt ($CE_2 = AE = AF = BF_3 = s - a$).

21) Die beiden Summen abwechselnder Seiten eines Tangentenvielecks von gerader Seitenzahl sind gleich.

22) Konstruiere ein Dreieck aus:

a) α, s und ϱ_a,

b) α, s und a,

c) α, s und ϱ,

d) a, ϱ und ϱ_a,

e) $c - b$, ϱ und ϱ_a,

f) a, s, $(c - b)$,

g) a, ϱ, $(s - b)$,

h) α, r, s (2 Methoden),

i) a, r, ϱ.

23 Zieh an einen gegebenen Kreis zwei konvergierende Tangenten so, daß jede Tangente, die zwischen ihren Berührungspunkten berührt, ein Dreieck von gegebenem Umfange abschneidet.

24) Bestimme auf einer gegebenen Geraden einen Punkt, von

dem aus sich eine Tangente von gegebener Länge an einen gegebenen Kreis ziehen läßt.

25) Durch einen gegebenen Punkt zieh eine Gerade, aus welcher ein gegebener Kreis eine Sehne von vorgeschriebener Länge herausscheidet. Wie lang kann die Sehne höchstens sein?

26) Bestimme in einem Dreieck denjenigen Punkt, von welchem aus gesehn die Seiten unter gleichen Winkeln erscheinen.

27) Lege durch vier gegebene Punkte je eine Gerade so, daß die vier Geraden ein Rechteck von vorgeschriebener Länge oder Breite umschließen.

28) Durch welche merkwürdigen Punkte des gleichschenkligen Dreiecks geht die Höhe aus der Spitze?

29) In was für einem Dreieck fällt a) der Mittelpunkt des Inkreises mit dem Höhenschnitt, b) der Höhenschnitt mit dem Mittelpunkt des Umkreises, c) der Mittelpunkt des Umkreises mit dem des Inkreises zusammen?

30) In was für einem Dreieck gehen die Ecktransversalen nach den Mitten der Gegenseiten a) durch den Höhenschnitt, b) durch den Mittelpunkt des Inkreises, c) durch den des Umkreises?

31) Was für Dreiecke haben den Mittelpunkt des Umkreises auf einer Seite? Was für welche innerhalb? Was für welche außerhalb?

32) Was für Dreiecke haben den Höhenschnitt in einer Ecke? Was für welche innerhalb? Was für welche außerhalb? Kann er auch auf einer Seite liegen, ohne in eine Ecke zu fallen?

33) Warum können sich die Winkelhalbierenden und ebenso die Ecktransversalen nach den Mitten der Gegenseiten nie außerhalb des Dreiecks schneiden?

34) Konstruiere ein gleichschenkliges Dreieck aus:

a) h_c und r, b) h_c und ϱ, c) ϱ und ϱ_c.

35) Konstruiere ein rechtwinkliges Dreieck aus:

a) h_c und r, b) h_c und ϱ, c) ϱ und ϱ_c.

36) Welche Beziehung findet im rechtwinkligen Dreieck zwischen r und t_c statt?

IV. Flächengröße.

1) Verwandle (nach § 63) ein Dreieck in eins a) mit gegebenem Winkel, b) mit gegebener Grundlinie, c) mit gleichen Schenkeln.

2) Verwandle (§ 63 oder 64) ein Parallelogramm in eins mit gegebener a) Grundlinie, b) Diagonale oder c) Höhe.

3) Verwandle ein Trapez in ein Parallelogramm a) mit derselben Höhe, b) mit derselben Mittellinie, c) mit einer der Grundlinien, d) mit einer der Diagonalen.

4) Verwandle ein Trapez in eins mit gegebener Mittellinie.

5) Verwandle ein Dreieck in eins mit gegebener Grundlinie und gegebenem Gegenwinkel.

6) Beweise: a) Dreiecke von gleicher Höhe verhalten sich wie ihre Grundlinien, b) Dreiecke von gleicher Grundlinie verhalten sich wie ihre Höhen, c) Dreiecke mit einem gleichen Winkel verhalten sich wie die Produkte der denselben einschließenden Seiten.

7) Zeichne ein beliebiges Dreieck *ABC*, konstruiere über zweien der Seiten als Grundlinien Parallelogramme *ABEF* und *ACGK*, verlängere die Deckseiten *EF* und *GK* bis zum Schnitte „*S*", verbinde diesen mit der gemeinschaftlichen Ecke *A*, verlängere diese Linie *SA* über die dritte Dreiecksseite *BC* um ihre eigne Länge ($IU = SA$) hinaus, zieh durch ihr Ende *U* eine Parallele zur dritten Dreiecksseite *BC* und durch deren Enden Gerade, die mit ihnen ein Parallelogramm umschließen. (Zum Beweis des f. Satzes ist es günstig, sie $\parallel SAIU$ zu legen.) Beweise, daß das über der dritten Seite entstandene Parallelogramm *BPQC* gleich der Summe der beiden ursprünglichen $ABEF + ACGK$ ist. Zum Beweise verlängere *PB* und *QC* bis an *FE* und *KG* (Pappus.) Beweise ferner, daß diese Figur in die Euklidische für den Lehrsatz des Pythagoras übergeht, wenn das Dreieck bei *A* rechtwinklig und jedes der ersten Parallelogramme ein Quadrat wird.

8) Summiere nach dem Lehrsatz des Pappus a) zwei Parallelogramme, b) zwei Dreiecke, c) zwei Trapeze in ein Parallelogramm, oder d) subtrahiere das kleinere vom größeren.

9) Man hat ein Vieleck aus Blech geschnitten, wovon der Quadratcentimeter 0,5 gr wiegt. Sein Gewicht beträgt 3,38 gr. Wie groß ist seine Fläche? In das Vieleck läßt sich ein Berührungskreis zeichnen und sein Umfang hat 10,4 cm Länge. Wie lang ist der Halbmesser des einbeschriebenen Kreises.

10) Ein Dreieck hat die Höhe $h = 8$ cm und die Grundlinie $g = 9$ cm. Wie lang ist die Seite eines Quadrats von gleicher Fläche?

11) Ein Trapez hat gleiche Fläche mit einem Quadrat von der Seite $= 4$ cm. Seine Höhe ist $h = 2$ cm und die eine Grundlinie $a = 1$ cm; wie lang ist die andere?

12) Ein Dreieck vom Umfang 8 cm hat einen Innenkreis vom Halbmesser 1 cm; wie groß ist sein Inhalt?

13) Einem Dreieck vom Inhalt 19 qcm ist ein Kreis vom Halbmesser $\varrho = 2$ cm ein- und einer vom Halbmesser $\varrho_c = 3$ cm angezeichnet. Wie lang ist die zwischenliegende Seite c?

14) Wie lang muß die Seite eines Quadrats sein, dessen Fläche der eines Trapezes mit den Grundlinien $a = 8$ cm und $b = 1$ cm und der Höhe $h = 18$ cm gleich kommen soll?

15) Zwei Seiten eines Dreiecks sind 25 und 16 cm lang. Wie lang müssen die Schenkel eines gleich großen gleichschenkligen Dreiecks mit gleichem zwischenliegendem Winkel sein?

16) Was für ein Dreieck ist NBN_a? Welche Bedingung müssen daher die Strecken erfüllen, die es einschließen?

17) Teile ein Dreieck durch eine Gerade:

a) von einer Ecke aus in zwei gleiche Teile,

b) von einem gegebenen Punkte auf einer Seite aus in vier gleiche Teile,

c) von einem gegebenen Punkte im Innern aus in zwei gleiche Teile,

d) von einem gegebenen Punkte außerhalb in zwei gleiche Teile.

18) Eine verwickelte Figur ist aus gleichmäßigem Papier geschnitten wovon der Quadratdecimeter 1,1 g wiegt. Sie ist 330 g schwer; wie viel Fläche hat sie? Wenn diese Figur eine Landkarte ist im Linear-Maßstab 1 : 1000000, wie viele Quadratkilometer enthält dann das dargestellte Land?

V. Ähnlichkeit.

Vorbemerkung. Damit die Größe eines zu konstruierenden Dreiecks bestimmt sei, muß mindestens eins der Konstruktionselemente ein Größenelement (Strecke oder Fläche in natürlicher Größe), die andern können Formelemente (Winkel oder Verhältnisse) sein. Es erleichtert die Übersicht, wenn man Strecken in natürlicher Größe und Verhältnisstücke auffällig (z. B. durch die Farbe) von einander unterscheidet. Auch Stücke, die zu verschiedenen Verhältnissen gehören, also nicht gleiches Maß zu haben brauchen, müssen auseinander gehalten werden. Kommt ein und dieselbe Strecke in zwei verschiedenen Verhältnissen, also in verschiedenem Maß vor, so kann man durch diese beiden Stücke, welche dieselbe Strecke vertreten, die Stücke des einen Verhältnisses auf das Maß des andern und so die zwei getrennten Verhältnisse auf ein fortlaufendes zurückführen. Ist eins der Verhältnisstücke auch in natürlicher Größe gegeben, so kann man dadurch auch das andere oder die andern nach dem Proportionalsatz finden. Sonst empfiehlt es sich hier, erst aus den Formelementen (stückweis oder im ganzen je nach dem, was gegeben) ein Dreieck zusammenzubauen, welches dem gesuchten ähnlich ist, und dieses nach dem Größenelemente auf das verlangte Maß zu bringen. Als Ähnlichkeitspunkt wird derjenige Punkt des Größenelements dienen, dessen Lage im Hilfsdreieck nach den gegebenen Stücken bestimmt werden kann (wenn ϱ gegeben: N; wenn r gegeben: M).

1) Wenn du die Halbmesser eines Kreises in einem vorgeschriebenen Verhältnis veränderst, was ist dann der geometrische Ort der neuen Endpunkte? Suche diejenigen Strahlen vom Mittelpunkte eines Kreises nach einer geraden oder krummen Linie, welche von dem Kreise nach gegebenem Verhältnis geteilt werden.

2) Verändere die Strahlen von einem festen Punkte nach einer gegebenen Geraden, oder nach einer gegebenen Kreislinie und ihrem Mittelpunkte in gegebenem Verhältnis. Was ist der Ort der neuen Enden? Suche diejenigen Strahlen von einem gegebenen Punkte nach einem gegebenen Kreise, welche von einer zwischenliegenden geraden oder Kreis-Linie in gegebenem Verhältnis geteilt werden.

3) Zu derselben Zeit wirft ein Turm und ein 3 m langer senkrechter Stab Schatten von 64 m und von 4 m Länge auf gleich geneigter Fläche. Wie hoch ist der Turm?

4) Man kann von A nicht nach B gelangen, muß aber ihre Entfernung wissen. Man mißt von A nach C 120 m, von B nach C 160 m, teilt von C aus auf jeder dieser Strecken den vierten Teil ab und findet die gegenseitige Entfernung dieser Teilpunkte $= 65$ m; wie weit ist's von A nach B?

5) An beiden Ufern eines Sees, dessen Breite gemessen werden soll, befinden sich parallele Stangen; man sieht von einem Punkte,

welcher mit beiden in einer Ebene liegt und um 3 m weiter vom einen entfernt ist als der andere, nach beiden hin. Die Sehstrahlen, welche auf dem entfernteren 3 m zwischen sich fassen, schneiden auf dem näheren 1 dm ab; wie weit sind die Stäbe von einander entfernt?

6) Beweise: Sind zwei Dreiecke einander ähnlich, so sind auch die entsprechenden Teildreiecke einander ähnlich, in welche sie durch Halbierungslinien gleicher Winkel, Schwerlinien oder Höhen auf gleichen Seiten, Eckhalbmesser der umschließenden Kreise geteilt werden, oder welche zwischen zwei entsprechenden dieser Linien eingeschlossen sind.

7) Beweise: Legt man zwei ähnliche Dreiecke so, daß entsprechende Schenkel zweier gleichen Winkel parallel sind, so sind auch die dritten Seiten parallel, und die drei Verbindungslinien entsprechender Eckpunkte schneiden sich in ein und demselben Punkte, dem Ähnlichkeitspunkte. Die Abschnitte jedes Ähnlichkeitsstrahls von diesem Punkte aus gemessen verhalten sich wie entsprechende Seiten der beiden Dreiecke. — (Geometrischer Ort.) Ähnliche Figuren kann man stets so legen, daß sie einen Ähnlichkeitspunkt haben.

8) Konstruiere zu einem gegebenen Dreiecke ein ähnliches, a) worin die Seite a eine gegebene Länge hat, b) worin die Seite a nach vorgeschriebenem Verhältnis verändert ist. Benutze B oder C als Ähnlichkeitspunkt.

9) Konstruiere ein Trapez aus den beiden Basiswinkeln, dem Verhältnis der beiden einschließenden Seiten eines derselben und der wirklichen Länge einer der beiden andern.

10) Von einem Viereck sind gegeben: eine Seite und die vier Winkel, welche die Diagonalen mit den Seiten an den beiden andern Ecken bilden; man will die gegenseitige Entfernung dieser Ecken wissen (Hansen).

11) Beweise: Die Strahlen von der Spitze eines Dreiecks nach den Punkten der Gegenseite, welche diese im Verhältnis der anliegenden teilen, stehen auf einander senkrecht (Geometrischer Ort). Die Spitzen der Dreiecke, welche gemeinsame Grundlinie und gleiches Verhältnis der beiden anderen Seiten haben, liegen auf einem Kreise, dessen Durchmesser durch die beiden Punkte begrenzt

wird, welche die Grundlinie nach dem vorgeschriebenen Verhältnis teilen (harmonische Gegenpunkte, Apollonius).

12) Teile eine gegebene Strecke innen und außen nach gegebenem Verhältnis.

13) Konstruiere ein Dreieck, das einen gegebenen Winkel mit gegebenem Verhältnis der einschließenden Seiten und gegebener Gegenseite hat. (2. Konstruktion. Man kann mit dem Winkel anfangen und ihn fest liegen lassen, oder mit BC und geometrische Örter für A benutzen.)

14) Gegeben ist die Summe zweier Strecken und ihr Verhältnis; ihre Einzellängen sollen konstruiert werden.

15) Beweise: Der geometrische Ort für den Punkt, dessen Abstände von den Schenkeln eines Winkels in bestimmter Folge ein vorgeschriebenes Verhältnis haben, besteht aus zwei Geraden, die durch seinen Scheitel gehen, eine in dem Winkel, eine außerhalb.

16) Beweise: In einem Dreiecke verhalten sich die Höhen umgekehrt wie die Seiten, worauf sie stehen, und ihre Eckabschnitte umgekehrt wie die Abschnitte, welche auf den Seiten stehen.

17) Suche den Punkt im Dreieck, dessen Abstände von den drei Seiten sich zu einander verhalten a) ebenso wie diese, b) umgekehrt.

18) Wie verhalten sich die Flächen der Dreiecke zu einander, in welche das gegebene geteilt wird durch die Eckstrahlen a) von dem ersten der eben genannten Punkte aus, b) vom zweiten, c) vom Schwerpunkt, d) vom Mittelpunkt des Innenkreises?

19) Es soll ein Dreieck konstruiert werden aus:

a) a, $(a+b+c) = 2.s$ und $b:c$ (vgl. 14),

b) α, w_a und a,

c) $b:c$, w_a und a,

d) a, $b:c$ und t_a, } vgl. Nr. 11.

e) a, $b:c$ und h_a, }

20) Konstruiere ein gleichschenkliges Dreieck aus

a) $h_c:\varrho$ und r (die Spitze heißt C);

b) $h_c:r$ und h_a.

21) Konstruiere ein Dreieck aus $a:\varrho$, α und dem Flächeninhalt I (drücke den Winkel BNC durch α aus).

22) Konstruiere ein Sehnenviereck aus zwei Winkeln, die an einer Seite liegen, einem Diagonalenwinkel und dem Inhalt.

23) Welche Teildreiecke sind durch das fortlaufende Verhältnis $b:c:h$ ihrer Gestalt nach bestimmt? Wie können sie zu einander liegen, um ein Dreieck zu bilden, welches dem ganzen Dreieck ABC ähnlich ist? Wenn zur Konstruktion $b:c:h_a$ und t_a gegeben sind, welcher Punkt ist dann am besten als Ähnlichkeitspunkt des Hilfsdreiecks und des gesuchten zu verwenden und warum? Welcher Punkt der Seite $B'C'$ des Hilfsdreiecks liegt auf derjenigen Geraden, von welcher t_a ein Stück ist? Konstruiere das Dreieck ABC aus $b:c:h_a$ und t_a.

24) Konstruiere ein Dreieck aus: $b:w_a$, α und w_a.

25) Beweise (I und II 5, V 16 und § 132a, 4) daß

$$\frac{h_c - h_b}{h_c + h_b} = \frac{b - c}{b + c}.$$

26) Konstruiere ein Dreieck aus:

a) β, a und $(h_b + h_c)$,

b) γ, $a:b$ und $(h_a + h_b)$,

c) α, a und $(h_b + h_c)$,

d) $\frac{h_b + h_c}{h_b - h_c}$, $\frac{s - a}{\varrho}$ und w_a.

Zu 26 d): Welches einfache Höhen- und welches Seitenverhältnis läßt sich aus $\frac{h_b + h_c}{h_b - h_c}$ ableiten. Wo ist durch einen Berührungspunkt des Innenkreises und einen Eckpunkt die Strecke $(s - a)$ bestimmt; welchen Winkel kann man daher aus $\frac{s - a}{\varrho}$ konstruieren? Auf welchen Ähnlichkeitspunkt weisen alle drei Angaben hin?

27) Die beiden Verhältnisse $a:b$ und $b:c$ sind durch vier verschiedene Strecken dargestellt. Die Stücke, welche das zweite Verhältnis bestimmen, sollen ohne Änderung des Verhältniswertes (nach § 74) so umgeformt werden, daß das Stück für b denselben Wert erhält, den es im ersten Verhältnis hat.

28) Wenn zur Konstruktion eines Dreiecks die beiden Verhältnisse $b:h_a$ und $c:h_a$ durch vier Strecken gegeben sind und außerdem die wirkliche Länge h_a: welche Länge werden wir dann h_a zu geben streben, wenn wir die beiden Verhältnisse in ein laufendes zusammenfassen? Warum? — Ist es zur Konstruktion eines Dreiecks

aus $b:h_a$, $c:h_a$ und h_a nötig, die beiden Verhältnisse erst in ein fortlaufendes umzuformen?

29) Konstruiere ein Dreieck aus

a) $b:t_a$, $t_a:c$ und a (vgl. II C 11),

b) $b:w_a$, $w_a:h_a$ und a,

c) $b:w_a$, $h_b:c$ und t_a,

d) $b:c$, $w_a:a$ und a (§ 109, Zus. 2; Aufg. V 11)).

30) Ist eine Aufgabe, welche $a:h_b$ und $b:h_a$ zusammen vorschreibt und dazu irgend eine Strecke, zugleich lösbar und bestimmt?

31) Konstruiere das Dreieck ABC, in welchem die folgenden drei Punkte (vgl. Fig. auf S. 10) eine vorgeschriebene Lage haben:

a) A, J, K,

b) A, J, G,

c) J, G, K,

d) A, B, S,

e) A, S, J,

f) G, J, S,

g) B, H, C.

32) Konstruiere das Dreieck ABC aus folgenden drei Stellen:

a) t_a, h_a, h_b,

b) t_b, t_c, a,

c) t_a, t_b, h_a,

d) t_b, t_c, h_a,

e) t_a, t_b, t_c.

f) Beweise: daß $AH = 2MG$, daß das Dreieck $SAH \sim SGM$, daß MSH eine gerade Linie und daß $HS = 2.SO$.

33) Konstruiere das Dreieck ABC aus:

a) AH, t_a, MH,

b) $AH:MH:UG$ und ϱ_a.

34) Es soll das Dreieck ABC zu den drei Punkten H, R und S bestimmt werden.

Welcher merkwürdige Punkt ist durch H und S mitbestimmt? Was bestimmt HR? Wie läßt sich die Höhe, wovon RH ein Stück ist, vervollständigen?

35) Konstruiere ein Dreieck aus:

a) $AH:t:r$ und h_c,

b) A, H und S,

c) $\varrho : \varrho_a : NN_1$ und a,
d) $\varrho : \varrho_a : a$ und s (III 18 a und 19),
e) $t_a : t_b : c$, b,
f) $h_a : b$, α, c,
g) $h_a : w_a$, α, a,
h) h_a, h_b, h_c. (V 16. Konstruiere: $h_a : h_b = q : p$ und $h_a : h_c = u : p$ unter beliebiger Festsetzung für p. In welcher Beziehung steht das Dreieck mit den Seiten p, q und u zu dem verlangten?)
i) $h_a : t_a$, a, h_a,
k) $w_a : c$, α, h_a,
l) $a : \varrho$, r, a,
m) $h_a : b$, h_b, a,
n) $r : a$, γ, ϱ,
o) $\varrho : a$, h_a, b. Welcher Winkel wird durch h_a und b bestimmt und welcher geometrische Ort für N?

36) Konstruiere ein Dreieck aus:
a) AH, HU und HR,
b) AH, HU und h_b (V 16),
c) Winkel GAU, $h : c$, t_a,
d) $h_a : c$, $h_a : b$, b,
e) $h_a : t_a$, $b : h_a$, a,
f) $\varrho : a$, $r : a$, a. Welchen Winkel des Dreiecks bestimmt das Verhältnis $r : a$? Welchen Winkel an N können wir daraus ableiten? Welches Teildreieck muß den Ausgang der Konstruktion bieten?
g) $\varrho : a$, $\varrho_a : a$, NN_1,
h) $h_a : h_b : r$, h_c,
i) $h_a : t_a$, $h_b : t_b$, a,
k) $MG : r$, $h_a : b$, s,
l) $t_a : h_a$, $h_b : b$, r.

37) Wie kann man den Satz, daß die Abschnitte auf einer von zwei einander schneidenden Sehnen dasselbe Produkt geben wie die auf der andern, 1) durch direkte, 2) durch umgekehrte Proportionalität ausdrücken? Wie kann man ihn benutzen, um zu zwei Höhen eines Dreiecks und einer zugehörigen Seite die andere zu finden.

38) Ziehe von I (dem Mittelpunkte der Seite AC) eine Parallele

zu AG (der Transversalen t_a). Wo liegt der Punkt Y, in welchem sie die Seite BC trifft? Wie verhält sich IY zu t_a? — Welche Länge läßt sich aus $h_a : h_b$ und a ableiten? — Konstruiere das Dreieck ABC aus $t_a : t_b$, $h_a : h_b$ und a. Welche Bedingungen kannst du aus diesen Angaben zur Konstruktion des Dreiecks BIC und welche für BIY ableiten?

39) Wie liegt jede Sehne zur Verbindungslinie ihres Mittelpunktes mit dem Kreismittelpunkte? Wie kann man zu einem gegebenen Punkte innerhalb eines Kreises diejenige Sehne finden, deren Mittelpunkt er ist? Wie kann man also den Sehnensatz zur Auffindung der mittleren Proportionale benutzen? Mit welchem Satze über das rechtwinklige Dreieck stimmt das überein?

40) Durch einen Schnittpunkt zweier Kreise soll eine Gerade so gelegt werden, daß ihre Abschnitte in den beiden Kreisen ein vorgeschriebenes Verhältnis haben. — Wie verhalten sich die Stücke, welche auf der gesuchten zweiseitigen Sehne durch senkrechte Radien abgeschnitten werden? Wie wird die Centrale durch eine Linie geteilt, welche von dem vorgeschriebenen Punkte zu diesen Radien parallel gezogen wird?

41) Wie kann man nach dem Lehrsatz des Pythagoras eine Kathete durch die Hypotenuse und die andere Kathete ausdrücken? — Konstruiere

a) die mittlere Proportionale zwischen $(c + a)$ und $(c - a)$,
b) ein gleichseitiges Dreieck, welches einem gegebenen ungleichseitigen gleich ist (§§ 23, 1), 86, 87, 89, 90).

42) Wenn zwei Kreise einander schneiden, so kann man von jedem Außen-Punkte der gemeinsamen Sekante gleiche Tangenten an sie ziehn und also auch einen Kreis, der beide rechtwinklig schneidet, aber von keinem andern. Für zwei Kreise, die einander nicht schneiden, kann man solche Punkte als Schnitte gemeinsamer Sekanten derselben mit je einem Hilfskreise finden. Beweise, daß der Ort dieser Punkte auf der Centrale senkrecht steht und sie so teilt, daß das Quadrat der Strecke auf der Seite des größeren Kreises das der andern um die Differenz der Quadrate der Halbmesser übertrifft.

43) Woran ist zu erkennen, ob drei gegebene Kreise gleiche Tangenten zulassen?

44) Warum müssen zwei Kreise in jeder Lage zwei Ähnlichkeits-

punkte haben? Wie kann man sie finden? Wo liegt der eine oder andere bei Berührung von außen oder innen? Wohin rücken die Ähnlichkeitspunkte, wenn der eine Kreis in eine Gerade übergeht? Wohin, wenn einer zu einem Punkte zusammenschrumpft?

45) Konstruiere einen Kreis, der

a) durch zwei gegebene Punkte geht und eine gegebene Gerade berüht (§ 92, 2) und § 52);

b) durch einen gegebenen Punkt geht und zwei gegebene Gerade berührt (§ 60 und Symmetrie des Kreises inbezug auf jeden Durchmesser);

c) durch zwei gegebene Punkte geht und einen gegebenen Kreis berührt (schneidender Hilfskreis durch die beiden Punkte. V, 42: Die gemeinsame Tangente des gegebenen und des gesuchten Kreises gesucht);

d) einen Kreis und zwei Gerade berührt (Zurückführung auf *b*: Kreis durch den Mittelpunkt an zwei Hilfsgerade).

46) Wie viele Glieder hat eine stetige Proportion? Welche Bedingung tritt zu der stetigen Proportion noch hinzu, wenn es sich um den goldenen Schnitt handelt? Wie viele Glieder können den Ausgang der Konstruktion (das Gegebene) bilden? In wie viel Formen kann die Aufgabe des goldenen Schnittes also auftreten? — Beweise, daß man durch Abtragung des kleineren Teils auf dem größeren, sowie durch Anlegung des größeren an das Ganze wieder einen goldenen Schnitt erhält. — Auf welche der Aufgaben über den goldenen Schnitt werden die anderen zurückgeführt?

47) Beweise, daß von den Lösungen der vier Gleichungen

$a - x = x - b$ (algebraisches Mittel),

$a : x = x : b$ (geometrisches Mittel),

$(a - x) : (x - b) = a : b$ (harmonisches Mittel),

die erste den größten, die letzte den kleinsten Wert hat. — Das geometrische Mittel zwischen zwei Strecken ist das geometrische Mittel zwischen dem arithmetischen und dem harmonischen Mittel derselben.

48) Stelle mit Hilfe des Lehrsatzes von Ptolemäus ein Rechteck her, welches gleich der Summe zweier gegebenen ist.

VI.

1) Beschreibe über der Hypotenuse nach außen, über den Katheten nach innen Bögen von gleichem Centriwinkel, die einander nur in den Ecken treffen, und beweise, daß das entstehende Bogendreieck gleich seinem Dreieck gemeinsamer Sehnen ist.

2) Stell die verschiedenen Erweiterungen zum pythagoreischen Lehrsatze zusammen.

3) An den Berührungsdurchmesser einer Tangente trage einen Centriwinkel von 30^0, schneide von da über den Berührungspunkt hinaus den dreifachen Halbmesser ab, verbinde den Endpunkt mit dem Endpunkte des Durchmessers und rechne aus, wie viel mal so groß als der Halbmesser die Verbindungslinie ist, und vergleiche mit π.

VII.

1)*) Es seien C und D Endpunkte einer Strecke, A und B harmonische Teilpunkte derselben. Welchen Wert müssen wir alsdann dem Doppelverhältnis $\frac{BC}{BD} : \frac{AC}{AD}$ mit Rücksicht auf die gegenseitigen Richtungen der Strecken beilegen? Was ist $\frac{CA}{CB} : \frac{DA}{DB}$? Was folgt daraus über die gegenseitige Beziehung der Punktpaare?

2) Punktreihen, welche durch denselben Büschel auf verschiedenen Geraden erzeugt werden, nennen wir perspektivisch. In dieser Lage sind also die Punkte, welche die beiden Geraden gemein haben, auch einander zugeordnet. Das Centrum des vermittelnden Büschels ist durch den Schnitt der beiden Verbindungsgeraden von zwei Paar zugeordneter Punkte, die außerhalb des gemeinsamen Punktes liegen, bestimmt. Beweise (nach § 108), daß je vier durch dieselben Strahlen erzeugte Punkte dasselbe Doppelverhältnis liefern. Das Gleiche gilt von Strahlenbüscheln, die durch dieselbe gerade Punktreihe an verschiedenen Centren erzeugt werden. Wenn je vier entsprechende Punkte zweier geraden Punktreihen dasselbe Doppelverhältnis geben, nennen wir sie projektivisch, auch wenn sie nicht in perspektivischer Lage sind. Das Gleiche gilt von Strahlenbüscheln. Legen wir durch

*) Die nötigen Figuren hat der Schüler klar und übersichtlich zu zeichnen.

je zwei entsprechende Punkte zweier projektivischer Reihen eine Gerade, so nennen wir die erhaltene Schar einen (projektivischen) Büschel zweiter Ordnung; entsprechend heißt der geometrische Ort des Schnitts entsprechender Strahlen zweier projektivischen Büschel, die sich nicht in perspektivischer Lage befinden, eine projektivische Punktreihe zweiter Ordnung.

3) Zur Bestimmung eines Doppelverhältnisses sind zwei Grundelemente (Punkte oder Strahlen) und zwei darauf bezogene nötig. Warum genügen drei Paare (*Aa*, *Bb*, *Cc*) zur Festlegung zweier projektivischer Reihen? Wie viele sind nötig, wenn die Reihen sich in perspektivischer Lage befinden sollen? Woran erkennt man, ob zwei Reihen in perspektivischer Lage sind?

4) Errichte auf der Verbindungslinie zweier Büschelcentren eine Mittelsenkrechte und bewege von einem Punkte derselben ausgehend den Schnitt zweier entsprechenden Strahlen so, daß dieselben mit einander gleiche Winkel überstreichen. Was für eine krumme Linie muß der Schnitt beschreiben. Beweise, daß die auf der Mittelsenkrechten durch die beiden Büschel einander zugeordneten Reihen zwei Punkte haben, deren jeder sich selbst zugeordnet ist. Was für eine Bedeutung haben diese für die Mittelsenkrechte und die erzeugte Kurve? Ist einem Punkte *A* zwischen beiden als durch den Büschel I erzeugt durch den Büschel II ein Punkt *a* außerhalb derselben zugeordnet, so verbindet mit *a* als durch II bestimmt der Büschel I den Punkt *A* (Beweis!). Was folgt daraus über die Doppelverhältnisse der Punktreihen auf der Mittelsenkrechten und über die Beziehung der Büschel?

5) Man lege an einen Kreis zwei parallele Tangenten; rolle von der zu beiden senkrechten Lage ausgehend eine vierte Tangente an dem Kreise herum und betrachte die beiden Punkte, in welchen die beiden ersten Tangenten durch die bewegte geschnitten werden, als einander zugeordnet und nenne die durch die senkrechten Tangenten auf einander bezogenen „Grundpunkte". Beweise, daß zu jedem Paare ein anderes existiert, in welchem die Lagen gegen einen der Grundpunkte ausgetauscht sind. Was folgt daraus über die Natur des Kreistangentenbüschels?

6) In welchem Punkte muß der Strahl, welcher vom einen Mittelpunkte nach dem andern geht, seinen zugeordneten im andern

Büschel schneiden? Was folgt daraus über die Lage der Centra zur erzeugten Kurve? Jeder Strahl hat also außer dem von ihm erzeugten Punkte noch welchen Punkt mit der Kurve gemein? Auf welchem Strahl fallen diese zwei Punkte zusammen? Was ist dieser Strahl also für die Kurve? — Wenn wir mit Hilfe zweier einander schneidender Punktreihen erster Ordnung einen Strahlenbüschel zweiter Ordnung erzeugen, was für eine geometrische Bedeutung muß dann derjenige Punkt der ersten haben, welcher dem Schnittpunkt in der zweiten zugeordnet ist?

7) Es sei Büschel I mit Büschel II perspektivisch, in derselben oder einer anderen Ebene, desgl. Büschel III mit Büschel II. Was gilt über die Doppelverhältnisse der Strecken, die auf beliebigen Geraden in den Ebenen dieser Büschel durch je vier Strahlen abgeschnitten werden, welche mittelst der perspektivischen Beziehung einander zugeordnet sind? — Man lege durch die Mittelpunkte zweier Kreisbüschel zwei Gerade, die nicht in der Kreisebene liegen, durch jede derselben (Achsen) und die Strahlen ihres Büschels Ebenen und schneide das Gebilde durch eine beliebige Ebene. Wie müssen die herausgeschnittenen Strahlenbüschel zu einander sein. Man lege nun an den Grundkreis eine Tangente und durch diese und die Kante der beiden Ebenen, welche durch den Berührungspunkt einander zugeordnet sind, eine Ebene. Was bildet diese im obigen Schnitt? Was für eine Fläche erzeugen die Ebenenbüschel wenn die Achsen einander schneiden? Welche Kurven sind hierdurch als projektivische Punktreihen zweiter Ordnung erkannt?

8) Es seien fünf Punkte einer Punktreihe zweiter Ordnung gegeben; ein sechster soll gefunden werden. Nr. 1 und 5 machen wir zu Mittelpunkten der erzeugenden Büschel, $\overline{34}$ und $\overline{32}$ zu perspektivischen Punktreihen, welche die projektivische Beziehung der Büschel 1 und 5 vermitteln; das Hilfscentrum S, um die beiden Punktreihen einander anzuordnen, bestimmen wir als Schnitt von $\overline{12}$ mit $\overline{45}$. Durch S legen wir einen Strahl, seinen Durchschnitt x auf $\overline{34}$ verbinden wir mit 1, den y auf $\overline{32}$ mit 5, und den Schnitt von $\overline{x1}$ mit $\overline{y5}$ nennen wir 6. Man führe die Zeichnung aus, bestimme nach der Methode weitere Punkte und zeichne die Kurve. Man beweise die Richtigkeit der Konstruktion. Wie liegen die Schnitte der Linien $\overline{12}$ mit $\overline{45}$,

$\overline{23}$ mit $\overline{56}$ und $\overline{34}$ mit $\overline{61}$ zu einander? Welcher Lehrsatz ist das? — Man führe die entsprechende Zeichnung und Betrachtung für die Aufgabe aus, zu fünf Strahlen eines Büschels zweiter Ordnung einen sechsten zu bestimmen.

9) Es ist zu beweisen, daß die Sätze über Pol und Polare am Kreise unverändert für die Kurven zweiter Ordnung gelten.

10) Zu drei Punkten einer Geraden soll ohne direkte Verlängerung (sie mag durch einen Berg verhindert sein) ein vierter gefunden werden; ebenso zu drei Strahlen eines Büschels, dessen Pol unzugänglich ist, ein vierter.

11) Es soll ein gegebenes Doppelverhältnis nach Ceva's oder Menelaos' Lehrsatz auf ein einfaches zurückgeführt werden.

12) Durch einen Punkt gehen die Ecktransversalen nach den Berührungspunkten

a) des Innenkreises (J),

b) des Dreiecks selbst mit allen drei Außenkreisen (A),

c) je eines Außenkreises.

d) Auf einer Geraden liegen für jeden Berührungskreis die Punkte, worin je eine Seite von der Verbindungslinie der beiden andern Berührungspunkte geschnitten wird.

13) Die Strecken $\mathfrak{A}H$ und MN bilden die Grundlinien eines Trapezes, S ist der Schnitt der Diagonalen und $\overline{\mathfrak{A}H} = 2\overline{MN}$. Der Mittelpunkt der Diagonale HM ist der Mittelpunkt des Feuerbach'schen Kreises, und der Mittelpunkt re der Diagonale $\mathfrak{A}N$ ist der Mittelpunkt des dem Dreieck der drei Seitenmitten eingezeichneten Kreises.

14) Ein projektierter Straßenzug schneidet die Seiten AC und CB eines Dreiecks in den Punkten P und Q. Man hat gemessen $CP = 53$ m, $CQ = 67$ m, $CA = 167$ m, $CB = 103$ m, $BC = 97$ m. Der Punkt X, in welchem die Verlängerung von BC geschnitten wird, ist weder in der Richtung PQ noch in AB zu erreichen. Wie weit muß es von B nach X sein?

15) Man lege durch zwei Fußpunkte von drei einander in einem Punkte schneidenden Ecktransversalen eine neue und führe durch diese Figur den Satz von der harmonischen Teilung im vollständigen Viereck auf die Sätze von Ceva und Menelaos zurück.

16) Was ist der Feuerbach'sche Kreis des Dreiecks $N_1N_2N_3$ für

das ursprüngliche Dreieck ABC? Wie kann man also den Satz vom Feuerbach'schen Kreise auch ausdrücken?

17)*) Die Senkrechte von der Mitte von N_1N_2 auf AB geht durch den Mittelpunkt des Umkreises und ist $=\frac{1}{2}(\varrho_a+\varrho_b)$, ihre Verlängerung bis an den umschriebenen Kreis (Z) ist $\frac{1}{2}(\varrho_c-\varrho)$, $4r+\varrho=\varrho_a+\varrho_b+\varrho_c$.

18) Das Lot von der Mitte der Strecke N_1N_2 auf die verlängerte AC ist $=\frac{1}{2}(\varrho_a-\varrho_b)$.

19) Das Lot von Z (Nr. 17) auf die verlängerte AC ist $=\frac{1}{2}(\varrho_c+\varrho)$.

20) Der Fußpunkt des vom Mittelpunkte der Strecke N_1N_2 auf AC gefällten Lotes ist von den Berührungspunkten der Kreise N_1 und N_2 auf AC um $\frac{1}{2}c$ entfernt, vom Eckpunkte C um $\frac{1}{2}(a-b)$, von A um $\frac{1}{2}(a+b)$. Wenn wir vom Schnitt (Z) der Linie CN_3 mit dem Umkreise ein Lot auf die verlängerte CA fällen, so ist dessen Fußpunkt vom Berührungspunkte des Innenkreises auf AC um $\frac{1}{2}a$, von A um $\frac{1}{2}(a-b)$ und von C um $\frac{1}{2}(a+b)$ entfernt.

21) Es soll das Dreieck ABC konstruiert werden zu:

a) $\varrho_a+\varrho_b,\ a,\ c$,
b) $\varrho_a+\varrho_b,\ c,\ \alpha$,
c) $\varrho_a+\varrho_b,\ \alpha,\ \beta$,
d) $\varrho_a+\varrho_b,\ c,\ t_c$,
e) $\varrho_a+\varrho_b,\ c,\ h_a$,
f) $\varrho_a+\varrho_b,\ h_a,\ \beta$,
g) $\varrho_a+\varrho_b,\ h_c,\ \gamma$,
h) $\varrho_a+\varrho_b,\ t_c,\ \gamma$,
i) $\varrho_a+\varrho_b,\ r,\ a$,
k) $\varrho_a+\varrho_b,\ a-b,\ r$,
l) $\varrho_a+\varrho_b,\ s,\ \gamma$,
m) $\varrho_a+\varrho_b,\ h_a+h_b,\ a+b$,
n) $\varrho_c-\varrho,\ \varrho_a,\ \varrho_b$,
o) $\varrho_c+\varrho,\ a+b$,
p) $\varrho_c+\varrho,\ c,\ \gamma$,
q) $\varrho_a-\varrho_b,\ r,\ \gamma$,
r) $\varrho_a-\varrho_b,\ a+b,\ r$.

*) Vorth, Progr. 1882, Nr. 42. (Elbing, Realsch. I. O.).

22) Konstruiert soll werden nach den Lehren der projektivischen Geometrie ein Brückenbogen.

a) der durch fünf gegebene Punkte geht,
b) der fünf gegebene Gerade berührt,
c) der durch drei gegebene Punkte geht und in zweien gegebene Gerade berührt,
d) der drei gegebene Gerade berührt, zwei davon in gegebenen Punkten.

23) Es soll das Dreieck ABC konstruiert werden:

a) aus den drei Seitenmitten,
b) aus zwei Seitenmitten und einem Höhenfußpunkt,
c) dem Mittelpunkt des Feuerbach'schen Kreises und den beiden Enden einer Höhe,
d) dem Mittelpunkt des Feuerbach'schen Kreises, dem Höhenschnitt und dem Mittelpunkt einer Seite.

VIII. Zur algebraischen Geometrie.

1. Analysis und Konstruktion.

1) Eine Strecke c soll so geteilt werden, daß der Unterschied der Abschnitte einen gegebenen Wert d erhält.

2) Welches ist das größte Rechteck unter allen, die einen gegebenen Umfang haben?

3) Eine Strecke c soll so geteilt werden, daß das Rechteck aus den Abschnitten eine gegebene Größe erhält. Welches ist der größtmögliche Wert?

4) Wie groß ist die Höhe eines gleichseitigen Dreiecks im Verhältnis zu den Seiten?

5) In welcher algebraischen Beziehung steht die Seite des regelmäßigen Zehnecks zum Halbmesser des Umkreises?

6) Konstruiere $a\sqrt{3}$.

7) Gieb verschiedene Konstruktionen an für: $a\sqrt{5}$, $a\sqrt{13}$, $a\sqrt{65}$, $a\sqrt{85}$, $a\sqrt{130}$.

8) Eine Strecke c so zu teilen, daß a) die Summe der Quadrate der Abschnitte, b) ihre Differenz einen vorgeschriebenen Wert hat. Welches sind die äußersten Werte für die Summe, welches für die Differenz?

3*

9) In welchem Zahlenverhältnis steht der kleinere Abschnitt einer nach goldnem Schnitt geteilten Strecke a) zum größern, b) zum Ganzen? (Quadratische Gleichung.)

10) Zwei concentrische Kreise sind gegeben und ein Punkt auf dem innern; durch diesen soll eine Gerade so gelegt werden, daß der Abschnitt im innern zu dem im äußern in einem vorgeschriebenen Verhältnis steht.

11) Von einem Punkte A an einen Kreis eine Sekante so zu ziehn, daß ihre von A aus gemessenen Abschnitte in einem vorgeschriebenen Verhältnis stehen. Welches sind die Grenzen dieses Verhältnisses?

12) Einen Kreis zu konstruieren,

a) der den Umfang eines andern halbiert und durch zwei gegebene Punkte geht;

b) der die Schenkel eines gegebenen Winkels berührt und einen gegebenen Kreis rechtwinklig schneidet.

13) Ein Dreieck zu konstruieren aus:

a) s, a, b,

b) s, $\frac{a}{b}$, $\frac{b}{c}$,

c) Inhalt ($\triangle$), a und b. (Zu lösen als einfache Verwandlungsaufgabe, oder durch Berechnung von $\sin\gamma$, oder durch eine quadratische Gleichung für c^2),

d) $\triangle$, h_a, h_b,

e) h_a, h_b, h_c,

f) ϱ, ϱ_a und s (III 18, Gleichung ersten Grades für a und für $(b+c)$, rein quadratisch für $(b-c)$),

g) ϱ_a, ϱ_b und ϱ_c,

h) ϱ, ϱ_a und ϱ_b,

i) r, a, $\triangle$,

k) r, ϱ, ϱ_a,

l) r, ϱ, s (Gleichung dritten Grades),

m) r, ϱ, $\triangle$ (Gleichung dritten Grades),

n) h_a, b, c (Einfache Konstruktion, Bestimmung nach dem IV. Kongruenz-Satz; es soll a berechnet werden),

p) $a-b$, a, h_a,

q) $c-b$, $a+b$, $\triangle$,

r) t_a, b, p (Projektion der Seite a auf AB),

s) w_c, t_c, $a.b$,

t) w_c, a, b,

u) w'_c, a, b,

v) w_c, w'_c, c (quadratische Gleichung für ab; dann a^2+b^2 &c.),

w) w_c, h_c, c,

x) w'_c, h_c, c,

y) w_c, w'_c, J,

z) ϱ_c, h_c, s.

14) Auf den Seiten eines gleichseitigen Dreiecks vier Punkte so zu bestimmen, daß sie Ecken eines Quadrats bilden.

15) Auf einer Seite eines Quadrats ist ein Punkt gegeben; auf zwei andern sollen weitere zwei so bestimmt werden, daß die drei die Ecken eines gleichseitigen Dreiecks bilden.

16) In ein gegebenes rechtwinkliges Dreieck soll auf der Hypotenuse stehend ein Quadrat eingezeichnet werden.

17) Ein gegebenes gleichseitiges Dreieck soll so in ein gegebenes Quadrat gelegt werden, daß seine Ecken auf dessen Seiten liegen; die Lage einer der Ecken ist anzugeben. Wie lang müssen die Seiten des Dreiecks im Verhältnis zu denen des Quadrats mindestens, wie lang dürfen sie höchstens sein, wenn die Aufgabe lösbar sein soll?

18) Ein gleichseitiges Dreieck von gegebener Größe so zu legen, daß die Geraden, welche es umschließen durch drei gegebene Punkte einer Geraden gehn.

19) Die Fläche eines Dreiecks durch eine Gerade von einer Ecke aus nach vorgeschriebenem Verhältnis zu teilen.

20) Ein Dreieck von einem gegebenen Punkte des Umfangs aus nach gegebenem Verhältnis zu teilen.

21) Warum teilen die Eckstrahlen vom Schwerpunkt das Dreieck in gleiche Teile?

22) Wie verhalten sich die Teildreiecke, welche gebildet werden durch die Eckstrahlen

a) aus dem Mittelpunkt des Innenkreises oder eines der Ankreise?

b) des Umkreises?

c) aus dem Höhenpunkte?

23) In welchem Verhältnis zu der Fläche des ursprünglichen Dreiecks steht die Fläche des Dreiecks

a) der Seitenmitten?
b) der Berührungspunkte des Innenkreises?
c) der Berührungspunkte eines der Ankreise?
d) der Höhenfußpunkte?

24) Die Seiten eines Dreiecks sollen nach dem goldnen Schnitt so geteilt werden, daß bei einem Umlauf der kleinere und der größere Teil fortwährend abwechseln. Wie viel schneidet die Verbindungslinie zweier Teilpunkte ab? In welchem Verhältnis steht das Dreieck der Teilpunkte zum ganzen?

2. Determination.

1) Welches ist der Ausdruck für den größten Wert, welchen die Höhe h_a eines durch r und a bestimmten Dreiecks annehmen kann?

2) Welches ist der größte Wert, den ϱ bei gegebenem s annehmen kann?

3) Welches ist der größte Wert für t_a bei gegebenem t_b und t_c?

Algebra.

§ 122. 1) Setze in die Gleichungen 1—10 auf beiden Seiten 13 für a, 5 für b und 2 für c; rechne die Werte beider Ausdrücke aus und stelle durch Vergleichung eine Zahlenprobe an. Ebenso mit den Werten $a = 101$, $b = 13$, $c = 2$.

2) Ziehe folgende Ausdrücke zusammen und setze in den aufgegebenen und dein Resultat die vorigen Zahlen:

a) $(a+b)+(b+c)+(c+a)$,
b) $(a+2b)+(3b+5c)+(7c+11a)+(13a+17b+19c)$,
c) $(a+2b+3c)+(5a+7b+11c)+(13c+17b+19a)$,
d) $(23a+29b+31c)-(13a+17b+19c)-(2a+3c+5c)$,
e) $(37a-31b+29c)-(31a-37b+23c)-(5a+3b+c)$.

§ 122a. 3) Setze in die Gleichungen des vorigen Paragraphen 2 für a, 5 für b, 13 für c und dann 2 für a, 13 für b und 101 für c.

4) Setze in die Gleichungen des Paragraphen 122a für a den Wert 2 und drei für b und dann umgekehrt.

5) Ziehe die folgenden Ausdrücke zusammen und mache nachher Probe mit $a=17$, $b=6$, $c=2$:

a) $(31a-97b+103c)-\{29a-[11a-13b-2.(3a-2b-5c)]\}$,

b) $\dfrac{101a-97b-89c-(18a-14b-6c)}{83}-(a-b-c)$,

c) $\dfrac{\{(\frac{11}{3}a+\frac{7}{2}b)-(\frac{5}{7}a-\frac{2}{3}b)-(\frac{1}{5}b-\frac{1}{7}b)\}.105+(490a-233b)}{241}-(a+2b)$.

Multiplikation (§ 123).

$$\left.\begin{array}{l} 1)\ 5a.2b,\ 5a.2a, \\ 2)\ (5a)^3,\ (2b)^3, \\ 3)\ (5.a)^3+(2.b)^3+5.a^3+2.b^3, \end{array}\right\}\ a=5,\ b=2.$$

$$\left.\begin{array}{l} 4)\ \underline{(a+b).(a-b)}, \\ 5)\ (2a+3b).(2a-3b), \end{array}\right\}\ a=1300,\ b=3:\ \text{Kopfrechnen!}$$

6) $(11a+7b)(11a-7b)$.

7) $(17a+13b)(17a-13b)$.

8) $(a+b)^2=\underline{(a+b).(a+b)}$.

9) $(2a+3b).(2a+4b)$.

10) $(11a+7b)(11a+7b)$.

11) $(17a+13b)(17a+13b)$.

12) $(a-b)^2=\underline{(a-b).(a-b)}$.

13) $(2a-3b)(2a-3b)$.

14) $(11a-7b)(11a-7b)$.

15) $(17a-13b)(17a-13b)$.

16) $(a+b)^2-(a-b)^2$.

17) $\{(a+b)+(a-b)\}\{(a+b)-(a-b)\}$.

18) $(7a+5b)^2-(3a-2b)^2$.

19) $(23a+11b)(23a+11b)-(19a+7b)(19a-7b)$
$-(12a-13b)(12a-13b)$.

20) $(29a+23b)^2-(11a+7b)^2-\{(23a+21b)^2-(13a+11b)^2\}$.

21) $\{(5a+2b)^2+(3a-b)^2\}.\{(5a+2b)^2-(3a-2b)^2\}$
$-544a^4-15b^4$.

22) $\underline{(a+b)(a^2-ab+b^3)}$,

23) $(2a+3b)(4a^2-6ab+9b^2)$.

24) $(11a+7b)(121a^2-77ab+49b^2)$.

25) $(17a+13b)(289a^2-221ab+169b^2)$.

26) $\underline{(a-b)(a^2+ab+b^2)}$.

27) $(2a-3b).(4a^2+6ab+9b^2)$.

28) $(11a-7b).(121a^2+77ab+49b^2)$.

29) $(17a-13b).(289a^2+221ab+169b^2)$.

30) $(a+b)^3=\underline{(a+b).(a+b).(a+b)}$.

31) $(2a+3b)^3$.

32) $(11a+7b)^3$.

33) $(17a+13b)^3$.

34) $(a-b)^3=\underline{(a-b).(a-b).(a-b)}$.

35) $(2a-3b)^3$.

36) $(11a-7b)^3$.

37) $(17a-13b)^3$.

38) $\begin{cases}(89a+11b).(7921a^2-979ab+121b^2)\\ -(59a+41b).(3481a^2-2419ab+1689b^2)\\ -(71a+29b)^3+(41a+59b)^3.\end{cases}$

39) $\{(3a+7b)(7a+3b)-(9a+b)(a+9b)\}.(a+b)^2$.

40) $(5a+2b)^3-(2a-5b)^3+\{(2.a)^3+(5b)^3\}-\{5a^3-2b^3\}$.

41) $(7a-2b).\{49a^2+14ab+4b^2\}$
$+(7a+2b)\{49a^2-14ab+4b^2\}-686a^3$.

42) $(2a+5b)^4$.

43) $(5a-2b)^4$.

44) $\{a^3+a^2+a+1\}.\{a^3-a^2+a-1\}$.

45) $\left\{\frac{a^3}{3}+\frac{a^2}{2}+a+1\right\}\cdot\{3a^3-2a^2+a-1\}$.

46) $(a^3+1)^4-(a^2+a)^4-(a^3+a^2+a+1)^4+(a^3-a^2-a+1)^4$.

47) $\{5a^3-3a^2+2a-1\}\{5a^3+3a^2+2a+1\}-(5a^3+2a)^2$
$+(3a+1)^2$.

Division (§ 124).

Mache immer die allgemeine Probe durch Multiplikation des Divisors mit dem Quotienten und Hinzufügung des Restes und außerdem eine Zahlenprobe mit $a=10$, $b=3$.

1) $(a^2-b^2):(a-b)$; $(a^4-b^4):(a^2-b^2)$.

2) $(a^2-b^2):(a+b)$; $(a^6-b^6):(a^3+b^3)$.

3) $(a^2+2ab+b^2):(a+b)$.
4) $(a^2-2ab+b^2):(a-b)$.
5) $(a^3+b^3):(a+b)$.
6) $(a^3+b^3):(a^2-ab+b^2)$.
7) $(a^3-b^3):(a-b)$.
8) $(a^3-b^3):(a^2+ab+b^2)$.
9) $(a^3+3a^2b+3ab^2-b^3):(a+b)$.
10) $(a^3+3a^2b+3ab^2-b^3):(a^2+2ab+b^2)$.
11) $(a^3-3a^2b+3ab^2-b^3):(a-b)$.
12) $(a^3-3a^2b+3ab^2-b^3):(a^2-2ab+b^2)$.
13) $(9a^2-4b^2):(3a+2b)$.
14) $(25a^2-20ab+4b^2):(5a-2b)$.
15) $(343a^3+27b^3):(7a+3b)$.
16) $(1331a^3-64b^3):(121a^2+44ab+16b^2)$.
17) $(2197a^3-1014a^2b-156ab^2-8b^3):(13a-2b)$.
18) $(4913a^3+2601a^2b+459ab^2+729b^3)$
$:(289a^2+1021ab+9b^2)$.
19) $(a^6+2a^4-2a-1):(a^3-a^2+a-1)$.
20) $(a^6+2a^4-2a-1):(a^3+a+1)$.
21) $(5a^2-24a-5):(a-5)$.
22) $(15a^3-62a^2-63a-10):(3a+2)$.
23) $(30a^4-79a^3-312a^2-209a-30):(2a+3)$.
24) $(70a^6-79a^5-342a^4-130a^3+282a^2+209a+30):(a^2-1)$.
25) $(625a^4+500a^3+150a^2b^2+20ab^3+b^4):(5a+b)$.
26) $(33a^2+77ab+13b^2):(3x+7y)$ ... Rest.

27) Teile $(30a^6-79a^5-342a^3+282a^2+209a+30)$ der Reihe nach durch: $(a-1)$, $(a+1)$, $(a-5)$, $(5a+1)$, $(2a+3)$ und $(3a+2)$ und multipliciere diese Teiler mit einander. In welche Faktoren läßt sich der obige Ausdruck sechsten Grades zerlegen?

28) In welche Faktoren läßt sich (a^2-b^2), in welche $(a^2-2ab+b^2)$ zerlegen? Welcher Faktor findet sich sowohl im Zähler als auch im Nenner? Welcher Bruch, dessen Zähler und Nenner aus weniger Faktoren bestehn, ist also dem Bruch $\frac{a^2-2ab+b^2}{a^2-b^2}$ gleich?

29) Drücke $\frac{a^2-b^2}{a^2+2ab+b^2}$ kleiner aus; dgl. $\frac{9a^2-4b^2}{9a^2+12ab+4b^2}$.

30) Welches ist der Hauptnenner (das kleinste gemeinsame Vielfache der Nenner) für $\frac{a^2-2ab+b^2}{a^2-b^2}$ und $\frac{a^2-b^2}{a^2+2ab+b^2}$? Addiere sie!

31) Nach welcher Formel läßt sich $(9a^4+6a^2+1)$ in Faktoren zerlegen und in welche? Was kommt daher für die Reduktion des Bruches $\frac{9a^4+6a^2+1}{15a^4+3a^3+8a^2+1}$ als gemeinsamer Teiler von Zähler und Nenner allein in Frage? Reduciere diesen Bruch; ebenso: $\frac{a^4-b^4}{a^4+2a^3b+2a^2b^2+2ab^3+b^4}$.

32) Teile $(90a^7-567a^6+608a^5-180a^4+270a^3+327a^2-248a-60)$ durch (a^2+1), den Quotienten durch $(2a-3)$, den folgenden durch $(3a-2)$, den nächsten durch $(3a+2)$, den Quotienten dieser Division durch $(5a+1)$ und den letzten durch $(a-5)$. In welche Faktoren läßt sich der Dividend zerlegen?

33) Wie läßt sich nach den Zerlegungen in Nr. 27 und Nr. 31 der Bruch

$$\frac{30a^6-79a^5-342a^4-130a^3+282a^2+209a+30}{90a^7-567a^6+608a^5-180a^4+270a^3+327a^2-248a-60}$$

kleiner ausdrücken? Worin besteht die allgemeine Probe?

34) Setze in den vorstehenden Bruch 10 für a, suche für den Zahlenbruch nach dem bekannten Verfahren den größten gemeinsamen Teiler von Zähler und Nenner, drücke den Bruch durch kleinere Zahlen aus und vergleich das Ergebnis mit dem entsprechenden der vorigen Aufgabe, indem du auch in diese 10 für a setzest. — Bei dem Verfahren ist folgendes zu bemerken: Vor negativen Resten hat man sich nicht zu scheuen; je kleiner der Rest an sich, desto schneller führt das Verfahren zum Ziele. Sieht man Zahlen, durch welche ein Rest sich teilen läßt, der vorige Teiler aber nicht, so kann man diese im weiteren Verfahren unberücksichtigt lassen; dadurch wird das Ergebnis nicht beeinflußt, die Arbeit aber erleichtert. Durch etwa auffallende gemeinsame Teiler kann von vornherein reduciert werden.

35) Setze 2 für a in

$$\frac{7a^5+129a^4+634a^3+534a^2-1793a-1815}{343a^6+2450a^5+2429a^4-7076a^3-3519a^2+3474a-405}$$

und reduciere den Zahlenbruch. Dann teile den Ausdruck, welcher die höhere Potenz von a enthält, durch den andern; scheide aus dem

Rest, so gut es ohne weitere Umstände sich machen läßt, einfache Faktoren aus und lasse diejenigen, welche im vorigen Teiler nicht enthalten sind, unberücksichtigt; im übrigen verfahre wie bei dem Zahlenbruche.

36) Teile Zähler und Nenner des vorigen Bruches der Reihe nach durch $(a+1)$, $(a+3)$ und $(a+5)$, den Zähler weiter durch $(7a-1)$ und $(7a-3)$, den Nenner durch $(7a-11)$. Reduciere hiernach den Bruch und vergleiche das Resultat mit dem vorigen.

37) Reduciere:

a) $\dfrac{7a^2+50a+7}{35a^3-16a^2+11a+2}$,

b) $\dfrac{5a^3+32a^2-19a+14}{35a^3-16a^2+11a+2}$,

c) $\dfrac{7a+50a+7}{5a^3+32a^2-19a+14}$,

d) $\dfrac{2a^5+a^4+2a^3+13a^2+20a+7}{4a^6+13a^4+49a^3+57a^2+14a-2}$,

e) $\dfrac{a^4+a^2+1}{a^4+2a^3+3a^2+2a+1}$,

f) $\dfrac{a^4-2a^3+3a^2-2a+1}{a^4+a^2+1}$,

g) $\dfrac{a^4+a^2+1}{a^6-1}$,

h) $\dfrac{a^4+2a^3+9a^2+a+8}{a^5+2a^4+11.a^3+3.a^2+14a-14}$,

i) $\dfrac{a^5+3a^4+6a^3+10a^2+8a+5}{a^7+2a^6+4a^5+7a^4+4a^3+7a^2+3a+5}$,

k) $\dfrac{6a^3+25a^2+16a+7}{21a^3+20a^2+11a+2}$,

l) $\dfrac{9a^4+2a^2+1}{15a^4-a^3+5a^2-a+2}$,

m) $\dfrac{49a^4 35a^3+21a^2+22a+5}{77a^4+47a^3+11a^2+6a+2}$.

38) Ziehe zusammen:

a) $\dfrac{2a+3b}{3a+2b}+\dfrac{3a-2b}{5a+3b}-\dfrac{10a^2+5b^2}{15a^2+19ab+6b^2}$,

b) $\dfrac{5a+2b}{2a+5b}+\dfrac{a+3b}{3a+b}-\dfrac{a^2}{2ab+5b^2}-\dfrac{b^2}{3a^2+ab}$.

39) Welchem Werte nähert sich $\frac{1}{x}$ bis zum Zusammenfallen, wenn x über jedes Maß hinaus wächst? Was ist der Grenzwert für $\frac{1+\frac{2}{x^2}}{2+\frac{1}{x^2}}$ bei unendlich wachsendem x? Was ist $\lim\left[\frac{x^2+2}{2x^2+1}\right]_{x=\infty}$?

40) Was ist 0.1? 0.2? 0.a? Was kann $\frac{0}{0}$ bedeuten? Wie läßt sich $\frac{x^2-4}{x^2-4x+4}$ reducieren? Was ist also $\lim\left[\frac{x^2-4}{x^2-4x+4}\right]_{x=2}$? Was $\lim\left[\frac{x^2-4x+4}{x^2-4}\right]_{x=2}$? Was ist $\lim\left[\frac{x^2-4}{x^2-4x+4}\right]_{x=-2}$? Bestimme folgende Grenzwerte: $\lim\left[\frac{3x+1}{4x^2+7}\right]_{x=0}$, $\lim\left[\frac{3x+1}{4x^2+7}\right]_{x=\infty}$, $\lim\left[\frac{x^2-1}{x^3-1}\right]_{x=0}$, $\lim\left[\frac{x^2-1}{x^3-1}\right]_{x=1}$, $\lim\left[\frac{x^2-1}{x^3-1}\right]_{x=\infty}$, $\lim\left[\frac{x^2-1}{x^3-1}\right]_{x=-1}$, $\lim\left[\frac{3x^2+1}{4x+7}\right]_{x=\infty}$.

41) Zerlege 14, 35, 70, 13, 26 und 52 in Primfactoren; verwandle: $\frac{2}{7}$, $\frac{3}{14}$, $\frac{8}{35}$, $\frac{17}{70}$, $\frac{4}{17}$, $\frac{3}{13}$, $\frac{5}{26}$ und $\frac{11}{52}$ in Decimalbrüche und zähle sowohl die unperiodischen Ziffern, als auch die Ziffern einer Periode.

42) Welche Primzahlen gehen in 10 auf? Die wie vielte Potenz jeder dieser Zahlen geht in 10^r auf? In welcher Potenz von 10 geht $2^x.5^{x+m}$ auf? In welcher $2^{x+m}.5^x$? Wie viele unperiodische Ziffern werden also bei der Verwandlung in einen Decimalbruch durch einen Nenner veranlaßt, der als höchste Potenz einer dieser Zahlen die $x$te enthält?

43) Wie viele verschiedene Reste können bei der Division durch eine Zahl p, die im Dividendus nicht aufgeht, höchstens bleiben? Wie viele Ziffern kann die Periode eines Decimalbruchs höchstens haben, der aus einem reducierten, rationalen Bruch ohne Decimalfaktor (5 und 2) im Nenner entsteht?

44) Verwandle $\frac{1}{3}$, $\frac{2}{9}$; $\frac{3}{11}$, $\frac{8}{33}$; $\frac{4}{17}$, $\frac{11}{51}$ und $\frac{46}{187}$

in Decimalbrüche! Wie viele Periodenziffern findest du hier? Wie läßt sich das mit der in Nr. 43 gefundenen Regel vereinigen?

45) Übe die Rückverwandlung an den angeführten Beispielen.

46) Multipliciere $2{,}\underline{3}333\ldots$ mit $0{,}\underline{428571}\ldots$ in irgend einer Abkürzung. Verwandle die Decimalbrüche in gewöhnliche Brüche und multipliciere wieder.

47) Ebenso dividiere $2{,}\underline{3}333\ldots$ durch $0{,}\underline{428571}\ldots$.

Potenzen (§ 125—128).

1) Vereinfache durch Auflösung in Potenzen der Primfaktoren:

$$\frac{6^2.10^3.15^5}{3^7.25^4.2^5},\quad \frac{111^{31}.407^{29}}{37^{60}.33^{30}},\quad \left(\frac{219^{219}}{511^{219}}\right)^{-\frac{1}{73}}.\frac{4}{49},$$

$$\left(\frac{143^7.91^7.77^3}{1001^8.121^{-2}.169}\right)^{\frac{1}{6}},\quad \left(\frac{13^2.11^3.7^5.5^7.3^{11}.2^{13}}{26^2.22^3.14^5.15^7}\cdot 72\right)^{-\frac{1}{6}},$$

$$\left(\frac{2701^{17}.111^8.219^9}{73^{16}.37^{25}.3^7}\right)^{-\frac{1}{5}},\quad \left(\frac{217^3.321^2.279}{749^{-4}.93^{-6}.49.107}\right)^{-\frac{1}{5}},$$

$$\frac{1177^3.1331^5.107^2}{121^8.11449^2},\quad \frac{94^5.141^3.216^2}{2109^2.36^6},\quad \left(\frac{289^3.121^5.169^7}{187^4.143^6.221^5}\right)^{\frac{1}{3}},$$

$$\frac{(2\tfrac{1}{3}\cdot 5\tfrac{1}{7})^{\frac{1}{2}}.\sqrt{3}}{3},\quad \left(\frac{3125^7.15625^{11}.78125^{-13}}{390625^{19}.25^{-21}}\right)^{-\frac{1}{25}},$$

$$\frac{343^7.14641^5}{77^{20}},\quad \left(\frac{289^7.961^{11}.361}{2023^4.589^{22}}\right)^{\frac{1}{2}},$$

$$\left\{\left(\frac{7913^7.61911^{11}}{1681^3.19143^9}\right)^{-\frac{1}{2}}.\left[\left(\frac{151}{193}\right)^{-\frac{1}{4}}\right]^{-4}\right\}^{-1}.$$

2) Vereinfache unter Anwendung der Grundregeln zur Zerlegung binomischer Ausdrücke in Faktoren:

$$\frac{55^{12}-33^{12}}{1331^4.(125^2+729).(125.27).(25+15+9)},$$

$$\frac{391^6-221^6}{289^3.(23^3+13^3).(529+299+169)},$$

$$\frac{\{(1001^2)^6-(847^3)^4\}.1331^{-2}}{2401.(143^6+121^6).(2197+11^3).433},$$

$$\left\{\frac{31^{12}-289^6}{(961^3+17^6).1250}-527^2\right\},$$

$$\left\{\frac{143^6-91^6}{2197^2.(11^2+7.11+7^2)(11^2-7.11+7^2).9}\right\}^{\frac{1}{3}},$$

$$\sqrt{\left[\{(7a-3b)(3a+7b)-40.ab+28a^2+12b^2\}\cdot\frac{7a+3b}{7a-3b}-42ab\right]^2-1764.a^2b^2},$$

$$\frac{\{(9889^2)^8-(8990^4)^4\}961^{-4}}{841^8.(341^8+310^8).(14641-625.16).1547}.$$

Wurzeln (§ 128 a).

1) Welches sind die Quadrate der einziffrigen Zahlen?

2) Was ist 13^2, was 130^2, was $1,3^2$?

3) Wie kann das Quadrat einer rationalen Zahl nicht schließen? Welche Zahlendigungen schließen rationale Quadratwurzeln aus?

4) Welches sind die dritten Potenzen der einziffrigen Zahlen? Was ist 13^3, 130^3 und $1,3^3$? Welche Zahl-Endigungen schließen rationale Kubikwurzeln aus?

5) Was ist 9^2, 10^2; 99^2*), 100^2; 999^2*), 1000^2; 1^2, $0,9^2$; $0,1^2$, $0,99^2$*)? Wie viel Stellen muß das Quadrat einer n-stelligen Zahl mindestens, und wie viele kann es höchstens haben? Wie viele Stellen muß die Quadratwurzel einer $2.x$-stelligen und wie viele die einer $(2x+1)$-stelligen Zahl haben, wenn sie rational sein soll? Was ergiebt sich daraus über die Einteilung einer Zahl, aus der man die Quadratwurzel ziehen soll?

6) Warum kann die Quadratwurzel einer Zahl, die kein genaues Quadrat ist, nicht durch eine Ganzzahl und einen rationalen Bruch ausgedrückt werden, der Decimalbruch also nicht periodisch sein?

7) Wenn $\sqrt{221841}$ eine rationale Zahl sein soll, wie viele Ziffern muß sie dann haben? Welches ist die höchste und auf welche ist die unterste beschränkt? Wenn wir nun die erste Stelle annähernd bestimmen wollen, thun wir dann besser, die vorher gefundene Ziffer beizubehalten, oder sie zu erhöhen?

8) Zieh folgende Wurzeln aus:

$$\sqrt{221841},\quad \sqrt{2218,41},\quad \sqrt{22,1841},\quad \sqrt{0,221841},$$
$$\sqrt{22184,1},\quad \sqrt{221,841},\quad \sqrt{2,21841},\quad \sqrt{0,0221841},$$
$$\sqrt{211964481},\quad \sqrt{728298169},\quad \sqrt{728946001};$$

*) Formel: $(a-b)^2$, Kopfrechnen!

$\sqrt[3]{1371700960631}$, $\sqrt[3]{1371700960{,}631}$,
$\sqrt[3]{1371700{,}960631}$, $\sqrt[3]{1371{,}700960631}$,
$\sqrt[3]{137170096063{,}1}$, $\sqrt[3]{137{,}170{,}0960631}$,
$\sqrt[3]{13717009606{,}31}$, $\sqrt[3]{13{,}71700960631}$,
$\sqrt[4]{214358881}$, $\sqrt[6]{143087456521}$.

Imaginäre Zahlausdrücke (§ 129).

1) Was ist $(+2)^2$, was $(-2)^2$; welche Werte hat $\sqrt{4}$? Wie viele Werte hat $\sqrt{-4}$? Was ist $(+3)+(-2)$? Wenn man 3 m nach Süden und 2 m nach Norden zu einer Strecke zusammenlegt, wie weit und nach welcher Richtung liegt dann der Endpunkt vom Anfangspunkte? Daraus ergiebt sich, daß als geometrisches Sinnbild für den Gegensatz von + und — welcher andere Gegensatz gebraucht werden kann? Die Höhe im rechtwinkligen Dreieck ist die mittlere Proportionale zwischen den Abschnitten der Hypotenuse $h=\sqrt{p.q}$. Man lasse nun zwei entgegengesetzte Halbmesser eines Kreises die Werte $(+1)$ und (-1) vorstellen; welche Zahlausdrücke können wir dann durch die auf jenen senkrechten Halbmesser versinnbildlichen? Welchen Winkel bildet die Richtung vom Mittelpunkte (Nullpunkte) nach dem Endpunkte der gebrochenen Strecke:

$$\text{a) } 1+i,\quad \text{b) } 1-i,\quad \text{c) } -1+i,\quad \text{d) } -1-i,\quad \text{e) } 1+\frac{i}{2}\sqrt{3},$$

$$\text{f) } 1-\frac{i}{2}\sqrt{3},\quad \text{g) } -1+\frac{i}{2}\sqrt{3},\quad \text{h) } -1-\frac{i}{2}\sqrt{3}$$

mit der Richtung von 0 nach +1? Wie weit sind die ersten vier Zahlpunkte, wie weit die letzten vom Nullpunkte entfernt? Welche zwei Angaben können also einen komplexen Zahlausdruck ersetzen? Wodurch ist die Bezeichnung „Richtungszahlen" für die komplexen Zahlen, d. i. die Zahlen mit operativer Benennung (+, —, i), gerechtfertigt?

2) Ziehe zusammen:

a) $(3+2i)+(2+3i)$, b) $(3-2i)+(2+7i)$,
c) $(7+6i)-(2+i)$, d) $(4-i)-(-i-6i)$,
e) $(3+2i)+(3-2i)$, f) $(3+2i)-(3-2i)$.

3) Multiplciere:

a) $(3+2i).(3-2i)$, b) $(2+3i)(2-3i)$, c) $(a+bi)(a-bi)$, d) $(3+2i)(2-3i)$, e) $(3+2i)(2+3i)$.

4) Erweitere $\frac{2+5i}{5+2i}$ mit $(5-2i)$ und so die folgenden Brüche jeden mit dem Ausdruck, welcher seinem Nenner conjugiert ist:

$$\frac{a+bi}{a-bi},\quad \frac{a-bi}{a+bi},\quad \frac{11+i}{1-11i},\quad \frac{11-i}{1-11.i},\quad \frac{a+bi}{b+a.i},\quad \frac{a-bi}{b-ai}.$$

5) Ziehe in einen Bruch zusammen:

$$\frac{5+2i}{5-2i}+\frac{11-3i}{11+3i}-(3+2i)(2-3i).$$

6) Bringe auf die Form $a+bi$:

a) $\sqrt{3+4i}$, b) $\sqrt{3-4i}$, c) $\sqrt{3+4i}+\sqrt{3-4i}$,

d) $\sqrt{3+4i}-\sqrt{3-4i}$, e) $\sqrt{3+4i}.\sqrt{3-4i}$, f) $\sqrt{\frac{3+4i}{3-4i}}$,

g) $\sqrt{\frac{5+12i}{3+4i}}$, h) $\frac{\sqrt{15+8i}-\sqrt{15-8i}}{\sqrt{35+12i}-\sqrt{35-12.i}}$,

i) $\frac{\sqrt{a+bi}-\sqrt{b+ai}}{\sqrt{a-bi}+\sqrt{b-ai}}$.

Proportionen (§ 131).

1) a) $x:3=7:1$, b) $x:7=3:1$, c) $3:x=1:7$, d) $7:x=1:3$

2) $3:x=7:1$,

3) a) $x:4=9:x$, b) $4:x=x:9$,

4) $\sqrt{63}:x=x:\sqrt{28}$,

5) $\sqrt{343}:x=x:\sqrt{112}$,

6) $x:\sqrt{243}=\sqrt{\frac{2401}{3}}:x$,

7) $\sqrt{175}:\sqrt{847}=5:x$,

8) $\sqrt{175}:\sqrt{847}=x:5$,

9) $x:\sqrt{175}=\sqrt{847}:5$.

10) Um wie viel Prozent ihrer anfänglichen Größe hat die Einwohnerzahl einer Stadt zugenommen, die in einem Jahre von 1375950 auf 1430988 gestiegen ist?

11) Wenn ein Quadratmeter Cementbelag 3,60 M. kostet, wie viel kosten dann 93 qm.?

Gleichungen ersten Grades mit einer Unbekannten (§ 134).

A.

1) a) $3x+7=19$, b) $7x+3=17x-13$,

c) $(2x+1)(x-1)=(2x-7)(x+7)$.

2) a) $\frac{3x+7}{7x-9}=1$, b) $\frac{3}{x+2}-\frac{6}{3x-1}=0$,

c) $\frac{1}{x}+\frac{1}{x+2}-\frac{2}{x+3}=0$.

3) a) $\frac{14x-11}{21x-13}=\frac{10x+7}{15x-1}$, b) $\frac{33x+101}{55x+106}=\frac{39x+83}{65x+31}$,

c) $\frac{10x+50}{14x+6}=\frac{15x-5}{21x-71}$, d) $\frac{x+2}{x+5}=\frac{x+15}{x+21}$.

4) $\frac{9x^2-4}{21x^2+17x+2}=\frac{7}{22}$ (Reduktion, S. 42 Nr. 31 u. 35).

5) a) $\frac{4x^2-9}{4x^2-12x+19}=\frac{11}{17}$. b) $\frac{21x^2+29x-10}{6x^2+11x+35}=2$.

6) $\frac{3x-2}{9x^2+6x+4}=\frac{5}{3x+2}$ *).

7) $\frac{25x^2-20x+4}{625x^4-200x^2+16}=\frac{1}{17.(5x+2)}$.

8) a) $\frac{4x^2-9}{6x^2-13x+6}=\frac{91}{221}$, b) $\frac{10x^2+9x-9}{15x^2+16x-15}=\frac{13}{77}$.

9) $\frac{27x^3+8}{81x^4+108x^3+72x^2+24x+4}=\frac{7}{21x+28}$.

10) $\frac{26x^2+139x+185}{65x^2+211x+74}=\frac{11}{17}$.

11) $\frac{3x+21}{7x+14}=\frac{6x+15}{9x+10}$.

12) a) $\frac{3x^2+4x-7}{3x^2+10x+7}=\frac{3x^2+13x+14}{3x^2+28x+49}$ **),

b) $\frac{x^2+x-6}{x^2+5x+6}=\frac{2x^2+7x+3}{2x^2+55x+27}$, c) $\frac{2x^2+3x+1}{3x^2+5x+2}=\frac{x^2+5x+6}{x^2+8x+12}$.

---

*) Die Nenner enthalten x in höherer Potenz als die Zähler, werden also schneller als diese mit x unendlich; $x=\pm\infty$ genügt also der Gleichung.

**) Welchen Wert nimmt ein Produkt an, wenn einer der Faktoren zu 0 wird.

13) a) $\frac{4x+133}{5x+91}=\frac{209-72x}{143-47x}$ *),

b) $\frac{21x^2+7x+1}{35x^2+1}=\frac{6x^2+2x+1}{10x^2+1}$, c) $\frac{x^2+x+2}{2x^2-x+4}=\frac{3x^2+5x+2}{6x^2+x+4}$,

d) $\frac{x^2+x+5}{2x^2-x+10}=\frac{3x^2+5x+4}{6x^2+x+2}$.

14) $(7x-2)^2-(3x-8)^2=0$.

15) $(2x-3)^2-(x+5)^2=0$.

16) Verwandle nach der in § 124 a) gelehrten Methode folgende periodische Decimalbrüche in gemeine und reduciere sie: a) $0{,}4791\underline{6}\ldots$, b) $0{,}48\underline{36}\ldots$, c) $0{,}488\underline{63}\ldots$, d) $0{,}4\underline{769230}\ldots$, e) $0{,}44\underline{230769}\ldots$, f) $0{,}4\underline{3529411764705882}\ldots$, g) $0{,}4782608695621739130 43$.

B.

1) Wie viel Zinsen bringen 2000 Mark bei 5 pCt. in 4 Jahren ohne Zins vom Zins?

2) Wie viel Zinsen bringen C Mark zu p pCt. in n Jahren bei einfacher Verzinsung?

3) Wie viel Mark Kapital sind nötig, um in n Jahren Z Mark Zinsen zu bringen?

4) Zu wie viel pCt. steht ein Kapital C, das in n Jahren Z Mark Zinsen trägt?

5) In wie viel Jahren bringt ein Kapital von C Mark zu p pCt. einfacher Verzinsung Z Mark Zinsen?

6) Zu wie viel Mark wächst ein Kapital C bei p pCt. mit den einfachen Zinsen in n Jahren an?

7) Wie viel Mark Kapital sind nötig, wenn sie mit p pCt. einfachen Zinsen in n Jahren zu einer Summe von S Mark anwachsen sollen? (Diskont auf 100.)

8) Wie viel pCt. muß ein Kapital C tragen, um mit einfachen Zinsen in n Jahren zu S Mark anzuwachsen?

9) Wie viele Jahre muß ein Kapital C mit p pCt. verzinst werden, um mit den einfachen Zinsen zu S Mark anzuwachsen?

10) Jemand hat 300 Mark zu 3 pCt. angelegt und ein Jahr

---

*) Man ziehe zunächst beide Brüche zusammen und berücksichtige dann die Bemerkung zu Nr. 6.

später 400 Mark zu 4 pCt. Wann werden beide Kapitalien gleichviel Zinsen gebracht haben?

11) Jemand hat zu gleicher Zeit ein Kapital von 5000 Mark zu 3 pCt. und eins von 5000 Mark zu $4^1/_2$ pCt. angelegt. Wann werden die beiden zusammen auf 10000 Mark angewachsen sein?

12) Jemand bekommt $3^1/_2$ pCt. auf 4000 Mark, 4 pCt. auf 5000 Mark und 5 pCt. auf 6000 Mark. Wie viel pCt. von der ganzen Summe von 15000 Mark machen die gesamten Zinsen aus?

13) Drei gleiche Kapitalien werden zu gleichem Zinsfuß am ersten Januar, ersten Februar und ersten März verzinst. Wann ist der mittlere Fälligkeitstermin?

14) Drei Kapitalien von 3000 Mark zu 3 pCt., 4000 Mark zu 4 pCt. und 5000 Mark zu 5 pCt. sind zurückzuzahlen der Reihe nach am ersten Januar, am ersten Februar und am ersten März. Schuldner und Gläubiger kommen überein, für alle drei die Fälligkeit auf den Tag zu legen, an welchem sie zusammen so viel Zinsen getragen haben werden wie in der Einzelverzinsung bis zu den einzelnen Fälligkeitsterminen. Wann ist das?

15) Jemand legt bei einer Bank 3000 Mark zu 3 pCt. an und leiht von ihr einen Monat später 4000 Mark zu $4^1/_2$ pCt. Wann werden die Zinsen einander ausgeglichen haben?

C.

1) $\sqrt{5x}-\sqrt{2x}=\sqrt{5}+\sqrt{2}$.

2) $\dfrac{a+b.\sqrt{x}}{c+d.\sqrt{x}}=\dfrac{p}{q}$.

3) $\sqrt[3]{a^3x^3+3ab^2x+b^3+3a^2\sqrt{bx^4+px+q}}=0$.

4) $\sqrt{a+bx}+\sqrt{c+d.x}=\sqrt{(a+c)+(b+d).x}$.

5) $\dfrac{\sqrt{a.\alpha x+b}+\sqrt{\alpha.\gamma x+d}}{\sqrt{a.\alpha x+b}-\sqrt{\alpha.\gamma x+d}}=\dfrac{\sqrt{a.gx+f}+\sqrt{g\gamma x+h}}{\sqrt{agx+f}-\sqrt{g.\gamma x+h}}$.

6) $a^{3x+2}=a^8$.

7) $(a^2)^{4x+3}.b^6=a^{2x+15}.b^{3x}$.

8) $75^{2x}=45^x.125^3$.

9) $\left(\dfrac{3}{5}\right)^{3x+2}=\left(\dfrac{5}{3}\right)^{2x+3}$.

10) $2^x = 1$.

11) $x^x = 1$.

12) $2^x = x^2$.

13) $25^x . 20^{2x} . 3^{x+1} = 10^{4x} . 9$.

D.

1) Ein Dampfer fährt mit demselben Arbeitsaufwand denselben Weg von 20 km bergab in $1^1/_2$ Stunden, bergauf in 2 Stunden. Der Arbeitsverlust durch das Steigen und der Gewinn durch den Fall soll vernachlässigt werden. Wie groß ist die durchschnittliche Geschwindigkeit des Stromes, und wie groß die Geschwindigkeit des Schiffes in ruhendem Wasser zu rechnen? In welchem Sinne würden sich die Ergebnisse ändern, wenn wir die Arbeit des Schiffgewichts berücksichtigten?

2) Zwei Orte seien durch Meer getrennt; im einen wird bei stiller Luft eine Explosion bewirkt. Wie weit sind beide von einander entfernt, wenn der Schall am andern Orte durch das Wasser 20 Minuten früher eintrifft als durch die Luft und die Geschwindigkeit des Schalles in der Luft zu 333 m, im Wasser zu 1430 m gerechnet wird?

3a) Ein Radfahrer fährt neben einer Eisenbahn her; er hat 10 km Vorsprung vor einem Zuge, der mit 13 m Geschwindigkeit fährt, und wird nach 20 Minuten eingeholt. Wie viel Meter legt er in der Sekunde zurück?

3b) Der fliehende Feind hat 10 km Vorsprung; er soll auf einem Umwege von 25 km überholt werden, bevor er sich bei einer Festung rettet, die 100 km entfernt ist. Wie schnell muß die schnellste Abteilung des Verfolgers vorrücken, wenn der Fliehende 30 km täglich zurücklegt?

4) Wann steht der Minutenzeiger einer richtiggehenden Uhr zwischen 5 und 6 über dem Stundenzeiger, wann 10 Minutenstriche hinter ihm, wann 10 vor ihm?

5) Zwei Freunde wollen sich zu einer bestimmten Zeit an einem bestimmten Punkte zwischen ihren Wohnorten treffen. Der eine hat zwei Stunden zu gehn und verspätet seinen Abgang um zehn Minuten; um den wie vielten Teil muß er seine gewohnte Geschwindigkeit beschleunigen?

6) Zwei Radfahrer durchfahren eine geschlossene Bahn. Der eine hat den halben Umfang Vorsprung und wird vom andern nach drei Umfahrten eingeholt. Beim Entgegenfahren von denselben Punkten aus durchfährt der langsamere 100 m bis zum Treffen. In welchem Verhältnis stehen die Geschwindigkeiten, wie lang ist die Bahn?

7) Wenn das Eisen einer Bahnschiene durch die Erwärmung um 1° C. um 0,000012 seiner Länge ausgedehnt wird und Schienen von 6,5 m Länge verbunden werden: wie lang müssen dann für Temperaturschwankungen von — 40° C. bis + 40° die Verlaschungslöcher geschnitten werden?

8) Wenn bei 15° C. ein parallelepipedischer Stab von Zink mit dem Ausdehnungskoefficienten 0,000029 die Länge 0,9995 m und ein ebenso geformter von Platin mit dem Ausdehnungskoefficienten 0,000009 die Länge 1,0003 m hat, bei welcher Temperatur werden sie dann gleich erscheinen?

9) Die in der vorigen Aufgabe genannten Stäbe seien so an einander befestigt, daß ihre Achsen bei 15° C. parallele Gerade von 0,5 cm Abstand bilden. Nach welcher Seite muß sich dann das Ganze bei steigender Temperatur krümmen, und welchen Halbmesser wird der Kreis der Mittellinie bei 100° C. haben?

10) Ein Goldschmied will aus Silber von 900 Tausendteilen und solchem von 600 ein $1^1/_2$ kg schweres Gefäß von 750 Teilen Feingehalt zusammenschmelzen. Wie viel von jeder Art muß er nehmen?

11) Zwei Freunde A. und B. begründen mit 36000 Mark und 89000 Mark ein Geschäft. A. soll als der geschäftskundige Leiter 1000 Mark und 1 pCt. vom Reingewinn voraus bekommen. In einem Jahre beträgt der Umsatz 235000 Mark. Mit einem Gewinn von 10 pCt. und 12500 Mark Unkosten. Wie viel bekommen die beiden Teilhaber einzeln?

12) Zwei luftgefüllte Ballons von 2000 und 100 ccm Inhalt sind durch ein enges Rohr verbunden, das auf jeden Centimeter Länge 2 cmm in sich aufnehmen kann. In dessen Mitte befindet sich ein Quecksilberfaden bei 20° C. in Ruhe. Man erwärmt den kleinen Ballon um 20° und kühlt den großen um 1° ab; nach wo und um wie viel verschiebt sich der Quecksilberfaden, und wie groß ist der

innere Luftdruck nach der Temperaturänderung, wenn er vorher 1 kg auf den Quadratcentimeter betrug? Wie ist der Vorgang, wenn man die Behandlung der beiden Ballons austauscht? Der Ausdehnungskoefficient der Luft ist $^1/_{273}$ für 1^0 C.

13) In ein Gefäß führen 3 Röhren, hinaus eine. Sie würden einzeln zum Füllen bezw. Entleeren nötig haben: 6, 8, 10 und 9 Stunden. Sie laufen sämtlich; wie lange dauert es, bis das Gefäß gefüllt ist?

14) Für 1000 Mann ist in einer Festung auf 8 Monate genug Vorrat. Es seien ursprünglich 800 Mann darin; nach 14 Tagen kommen 600 Mann dazu, nach weiteren 3 Wochen noch 100 Mann, die für 400 Mann auf einen Monat mitbringen. Der Kommandant soll nun noch 13 Wochen mit seinem Vorrat reichen; auf den wie vielten Teil muß er die Rationen verkleinern?

15) Man sucht eine gewisse Anzahl Soldaten quadratisch aufzustellen. Bei einem Versuch bleiben 19 Mann übrig. Nimmt man einen Mann in der Seite des Quadrats mehr, so bleiben 24 Plätze unbesetzt. Mit wie viel Mann in der Reihe versuchte man zuerst die Aufstellung und wie viel Mann waren vorhanden?

16) An einem Leuchtturme sieht man Wellen vorüber ziehn in einem Abstande von 30 m von Kamm zu Kamm. Man zählt in 10 Minuten 136 Kämme. Mit welcher Geschwindigkeit pflanzt sich die Wellenbewegung fort?

17) Ein Dampfer fährt in einer Dünung, erst mit den Wellen und überholt eine in jeder Minute; dann gegen sie, und stößt auf 25. Wie schnell fährt er, wenn die Entfernung der Kämme 30 m beträgt und angenommen werden darf, daß er (ohne Wind) in beiden Richtungen gleich schnell fährt.

18) An einer Eisenbahn liegt ein Konzertlokal. Beim Vorbeifahren scheint den Fahrgästen der Klang der Musik um einen Ton zu fallen. Wie schnell fährt der Zug? Wir rechnen die Geschwindigkeit des Schalls = 333 m und das Fallen um einen Ton gleich der Verminderung der Anzahl der eintreffenden Schallwellen um $\frac{1}{11}$*).

19) Wasserstoff diffundiert unter gleichem Eigendruck 4 mal so schnell wie Sauerstoff. Es seien zwei gleich große, übrigens dichte

*) $(\sqrt[8]{2}-1)$.

Gefäße nur durch eine poröse Scheidewand getrennt. Wenn wir die allmähliche Aenderung des Vorgangs außer acht lassen: welche Druckverteilung müssen wir dann für den Zeitpunkt erwarten, wenn $^1/_4$ des Wasserstoffs hinüber gewandert sein wird. Der Druck eines Gases in einem Gefäße verhält sich bei gleicher Temperatur wie die darin eingeschlossene Menge desselben.

E.

1) $\begin{cases} 7x - 11y = 3 \\ 11x + 7y = 29. \end{cases}$

2) $\begin{cases} x + 2y = 17 \\ 3y + 5z = 11 \\ 7x + 11z = 102. \end{cases}$

Was sieht man an Systemen wie die folgenden beiden:

3) $\begin{cases} x + 2y = 17 \\ 3y + 5z = 11 \\ x + 5y + 5z = 28. \end{cases}$

4) $\begin{cases} x + 2y = 17 \\ 3y + 5z = 11 \\ 2x + 7y + 5z = 45. \end{cases}$

Was zeigen die folgenden beiden:

5) $\begin{cases} x + 2y = 17 \\ 3y + 5z = 11 \\ x + 5y + 5z = 29. \end{cases}$

6) $\begin{cases} x + 2y = 17 \\ 3y + 5z = 11 \\ x + 5y + 5z = 43. \end{cases}$

Löse:

7) $\begin{cases} x + 2y = 17 \\ 3y + 5z = 11 \\ x + 5y + 7z = 24. \end{cases}$

8) $\begin{cases} x + 2y + 3z = 27. \\ 3x + 5y + 7z = 67 \\ 7x + 11y + 13z = 131. \end{cases}$

9) $\begin{cases} \dfrac{x+y}{y+z} = \dfrac{3}{4} \\ \dfrac{x-y}{y-z} = 2 \\ x + y + z = 31. \end{cases}$

10) $\begin{cases} 3(x+2y)+2(y+3z)=423 \\ 5(x+2y)-(y+3z)=211 \\ x+y+z=73. \end{cases}$

11) $\begin{cases} x^2-y^2=273 \\ x+y=21 \\ x+2y+3z=31. \end{cases}$

12) $\begin{cases} x^2+y^2+z^2=264 \\ 2x^2+3y^2+5z^2=1081 \\ 3x^2+5y^2+7z^2=1555. \end{cases}$

13) $\begin{cases} x^2+y^2=433 \\ xy=204 \\ x+y+z=38. \end{cases}$

14) $\begin{cases} x^2+y^2+z^2=1301 \\ xy+yz+zx=974 \\ x+y-z=-5. \end{cases}$

15) $\begin{cases} x+2y+3z+5u=258 \\ 2x+3y+5z-u=221 \\ 3x+5y-z+2u=69 \\ 5x-y+2z+3u=138. \end{cases}$

16) $\begin{cases} x^2+y^2=545 \\ y^2+z^2=650 \\ z^2+u^2\cdots=890 \\ xy=272. \end{cases}$

17) $\begin{cases} x^3+3xy^2=948\,542 \\ 3x^2y+y^3=144\,185 \\ x^2+y^2+9z^2+16u^2=17\,054 \\ z^2-u^2=1\,225. \end{cases}$

18) $\begin{cases} \dfrac{\sqrt{x^2+y^2}+\sqrt{x^2-y^2}}{\sqrt{x^2+y^2}-\sqrt{x^2-y^2}}=\dfrac{16+\sqrt{255}}{9} \\ \dfrac{\sqrt{y^2+2yz+z^2+u}+\sqrt{y^2+2yz+z^2-u}}{\sqrt{y^2+2yz+z^2+u}-\sqrt{y^2+2yz+z^2-u}}=7-\sqrt{48} \\ ux+uy=63 \\ x^4-2x^2y^2+y^4=49. \end{cases}$

F.

1) Stellt man die Ziffern einer zweiziffrigen Zahl um und addiert den neuen Wert zu dem alten, so erhält man 99; subtrahiert man ihn vom alten, so bleibt 45.

2) Bringt man die Ziffern einer dreistelligen Zahl aus der Folge x, y, z in die Folgen y, z, x und z, x, y und addiert den zweiten Wert zum ersten, den dritten zum zweiten, den ersten zum dritten, so erhält man der Reihe nach die Summen: 829, 1297 und 982. Wie heißt die Zahl?

3) Von welchen beiden Zahlen verhält sich die Differenz zur Summe, zum Produkt wie 5 : 13 : 36?

4) Zerlege die Brüche $\frac{2a^2+3ax-x^2}{(a+x)(a+2x)}$, $\frac{3x^2+ax}{(a+x)(a+2x)}$, $\frac{a^2+x^2}{a^2-x^2}$, $\frac{76+92x}{(11+3x)(3+11x)}$, $\frac{6a^3-4a^2x+13a^2-13ax}{a^4-x^4}$ in Partialbrüche, d. h. stelle sie als Summen oder Differenzen dar, deren Nenner die gegebenen zum Hauptnenner haben.

5) Zwei Freunde pflegen zu bestimmter Zeit von ihren Wohnorten aufzubrechen und sich dann nach 7 Stunden zu treffen. Ginge der erste 1 Stunde 50 Minuten früher ab, so würde der zweite nur 6 Stunden gebrauchen; ebenso der erste, wenn der zweite eine Stunde früher aufbräche und stündlich 1 km mehr zurücklegte. Wie schnell gehen die Freunde, und wie weit sind ihre Wohnorte von einander entfernt?

6) Zwei aus denselben Ziffern in umgekehrter Folge gebildete Zahlen haben ein Vielfaches von 99 zur Differenz. (Beweis!)

7) Die Ziffernsumme einer dreiziffrigen Zahl beträgt 16. Die Zahl ist durch 31, die umgekehrte durch 13 teilbar, und der Unterschied der so geteilten Zahlen ist 18. Wie heißt die Zahl?

8) Jemand hat 4 Körbe mit Aepfeln in ungleicher Verteilung; er stellt sie nach der Zahl der darin enthaltenen Aepfel und legt aus dem, welcher die meisten enthält, so viel, wie schon darin sind. Mag er dies Verfahren so oft wiederholen, wie er will: er erhält stets dieselben Anzahlen; diese wechseln nur so, als würden sie auf einem Kreisbande über den Körben fortgezogen. Die Gesamtsumme ist 300. Welches ist die Verteilung?

9) Die Seiten eines Dreiecks sollen aus folgenden Angaben berechnet werden: Sie sind durch ganze Zahlen ausdrückbar und stehen in arithmetischer Progression; verlängert man jede um 50 cm, oder um 60 cm, so wird der Halbmesser des Innenkreises um 17 cm größer oder um 20 cm.

10) In einem geschlossenen Kanale wird an einer Stelle A ein Schall erregt; 3 m davon erlischt der Ton fast vollständig, 1 m weiter schwillt er besonders kräftig an. Wie lang ist die Schallwelle und wie häufig, wenn die Geschwindigkeit des Schalls $= 333$ m?

11) Man habe Grund, anzunehmen, daß die Abhängigkeit zwischen zwei Größen (z. B. Geschwindigkeit eines bestimmten Körpers und Widerstand eines bestimmten Mediums, in welchem er sich bewegt) in einem wichtigen Intervall sich genau genug durch den Ausdruck $ax+bx^2+cx^3+dx^4=z$ darstellen lasse, und habe durch Versuche folgende Zusammengehörigkeit gefunden:

$x=0$	$+1$	-1	$+2$	-2	$+3$
$z=0$	$+1{,}901$	$-6{,}101$	$+4{,}432$	$-23{,}632$	$+10{,}143$

Welches sind die Koefficienten a, b, c und d?

Quadratische Gleichungen (§ 135).

A.

1) Durch welche Werte für x wird die Gleichung

$$(x-3).(x+3)=0$$

erfüllt? Bringe sie auf die Form $x^2+ax=c$ und löse aufs neue.

2) Was wird aus einem Produkt, wenn ein Faktor Null wird, ohne daß das einen andern zu unendlichem Wachsen bringt? Für welche Werte von x wird $(x-a).(x-b)$ zu Null? Was wird aber aus $(x-c)\cdot\frac{b}{(x-c)}$, was aus $(x-c)\cdot\left(\frac{b}{x-c}\right)^2$, wenn $x=c$ wird?

3) Löse die Gleichung $x^2-7x+12=0$ und forme den Ausdruck $(x^2-7x+12)$ in ein Produkt von Ausdrücken ersten Grades in x um („zerlege ihn in Wurzelfaktoren").

4) Addiere und forme in ein Produkt um:

$$a)\ \frac{1}{x-1}+\frac{2}{x-2},\quad b)\ \frac{m}{x-a}+\frac{n}{x-b}.$$

5) Welches sind die Wurzelfaktoren von (x^2-5x+6)? Als Summe welcher Brüche („Partialbrüche") läßt sich $\frac{5x-12}{x^2-5x+6}$ darstellen?

6) Zerlege $\frac{2x}{x^2+5x+6}$ in Partialbrüche; dgl. $\frac{x^2+2x-15}{x^2+8x-15}$. Wie groß wird der Wert des letzten Bruchs für $x=3$?

B.

1) Welches ist das Zahlenverhältnis einer nach goldnem Schnitt geteilten Strecke? Aus diesem Ausdruck ist zu beweisen, daß man den größern Teil wieder nach goldnem Schnitt teilt, indem man den kleinern darauf abträgt, und daß man eine neue nach goldnem Schnitt geteilte Strecke erhält, indem man den größern Abschnitt an das Ganze legt.

2) Ein Kapital von 3700 Mark ist in 2 Jahren mit Zins und Zins vom Zins auf 4076,25 Mark angewachsen; zu welchem Zinsfuß ist es ausgeliehen gewesen?

3) Jemand zahlt jährlich 500 Mark in eine Kasse; nach zwei Jahren hat er 1030,20 Mark zu fordern. Wie viel pCt. sind gerechnet?

4) Auf jede Seite eines regelmäßigen Zehnecks als Grundlinie wird ein gleichseitiges Dreieck gesetzt. Der Inhalt der sternförmigen Figur soll 1 qm betragen; wie lang muß der Halbmesser des umschriebenen Kreises sein?

5) Der Umfang eines rechtwinkligen Dreiecks ist 74 cm, der Inhalt 462,5 qcm; wie lang sind die Seiten?

6) Die Zahl 316 soll um so viel vermehrt werden, daß das Quadrat der vermehrten Zahl = 9000 wird. Wie viel ist zuzulegen?

7) Die Diagonalen eines Parallelogramms sind 8 und 11 cm lang, die Grundlinie mißt; wie lang ist sein Umfang?

8) Ein Rechteck, dessen Seiten 62 und 27 cm lang sind, soll durch Verlängerung seiner Seiten um gleiche Stücke auf das Dreifache seines Inhalts gebracht werden; um wie viel muß jede Seite verlängert werden?

9) Der Bruch $\frac{a}{b}$ soll in zwei Faktoren zerlegt werden, deren Summe $= s$ ist.

10) Jemand hat 80procentigen Spiritus. Er zapft eine gewisse Menge davon ab und ersetzt sie durch Wasser. Das thut er drei Mal. Zuletzt ist die Flüssigkeit nur noch 10procentig. Wieviel l. hat er jedesmal abgezapft?

11) Wo zwischen Mond und Erde halten die beiderseitigen Anziehungen nach dem Newton'schen Gravitationsgesetz einander das

Gleichgewicht? Masse des Mondes $= \frac{1}{80}$ der Erdmasse, Entfernung beider $= 60\frac{1}{4}$ Erdhalbmesser*).

12) Die Stärken zweier Lichtquellen verhalten sich wie 7 : 17; ihre Entfernung beträgt 132 m; welcher Punkt ihrer Verbindungslinie wird von beiden gleich stark beleuchtet*)?

13) Man läßt eine schwere Kugel in einen senkrechten Schacht fallen und hört sie nach 5 Sekunden aufschlagen. Wie tief muß man den Schacht annehmen, wenn man den Luftwiderstand und die Zeit, welche der Schall braucht (1 Sekunde zu je 333 m), vernachlässigt? Um wie viel ändert sich die Zahl, wenn man die letztere Vernachlässigung nicht macht? Wie groß ist die mittlere Geschwindigkeit des fallenden Steins? Um wie viel ist die treibende Beschleunigung ($g = 9{,}808$ m) der Schwere in Rücksicht auf diese mittlere Geschwindigkeit als vermindert anzunehmen, wenn wir den Luftwiderstand nach der Formel $0{,}13\ F.v^2$ berechnen, worin F die widerstehende Querschnittsfläche und v die relative Geschwindigkeit bedeutet? Dabei nehmen wir an, die Kugel habe den Halbmesser 1 cm und ein ccm wiege 11 g.

14) Auf den Schenkeln eines rechten Winkels bewegen sich zwei Punkte mit gleichbleibender Geschwindigkeit, der eine im augenblicklichen Abstand p mit der Geschwindigkeit v auf den Scheitel zu, der andere im Abstand q, mit der Geschwindigkeit c vom Scheitel fort. Wann war die gegenseitige Entfernung $= e$, oder wann wird sie es sein ($p = 17$ m, $v = 2{,}5$ m, $q = 2$ m, $c = 1\frac{1}{2}$ m, $e = 13$ m)?

15) Die vorige Aufgabe; nur betrage der Winkel 60°.

16) Der Winkel sei spitz und durch das Verhältnis $m:n$ der Strecken bestimmt, welche eine Senkrechte auf dem einen Schenkel von beiden abschneidet (cos des Winkels).

17) Die Punkte der Aufgabe 14) sollen Mittelpunkte zweier Kreise von gegebenen Halbmessern r und ϱ sein; es ist zu bestimmen, wann sie zur Berührung kommen.

18) Zwei Leute führen eine Arbeit zusammen in t Tagen aus. Der erste allein würde d Tage weniger gebrauchen als der zweite allein; wie viel Zeit würde jeder für sich dazu nötig haben?

---

*) Die Wirkung ist umgekehrt proportional dem Quadrat der Entfernung, direkt proportional der Intensität in der Einheitsentfernung.

C. Vom Maximum und Minimum*).

1) Ist ein Unterschied zwischen $(+a)^2$ und $(-a)^2$? Welches ist der kleinste Wert, den x^2 erreichen kann, wenn x auf reelle Werte beschränkt bleibt?

2) Für welchen reellen Wert von x erhält $(a+x^2)$ seinen kleinsten Wert, und welcher ist dies? Für welchen aber $(a+x)^2$?

3) Für welchen Wert von $(b+x)$ und also für welchen von x wird $\{a+(b+x)^2\}$ zu einem Minimum?

4) Welchen Wert muß x annehmen, damit $\{a-(b+x)^2\}$ zu einem Maximum werde?

5) Woran ist zu erkennen, ob $\{a+c.(b+x)^2\}$ ein Minimum oder ein Maximum hat? Wie liegt es? Wie groß ist es?

6) Man bringe $(m+px+qx^2)$ auf die Form $\{a+c.(b+x)^2\}$ und bestimme, ob ein Maximum oder ein Minimum vorhanden ist, wo es liegt, und welcher Ausdruck seinen Wert bestimmt.

7) Wie bewegt sich der Wert von $\{a+(b+x)^2\}$, wenn x über jede Grenze wächst? Wie der von $\{a-(b+x)^2\}$. Ist in unendlicher Ferne noch ein bestimmter Maximal- oder Minimalwert für $\{a+c(b+x)^2\}$ zu erwarten. Wie steht es mit $\{m+px+qx^2\}$?

8) Es ist der ausgezeichnete Wert von $\{13+12x-3x^2\}$ zu bestimmen.

9) Welches Rechteck vom Umfang $4a$ hat den größten Inhalt, und wie groß ist dieser?

10) Für $ax^2+bx+c=z$ ist die Lösung

$$x=\frac{-b\pm\sqrt{b^2-4a(c-z)}}{2a}.$$

Welches ist bei positivem a der kleinste, bei negativem a der größte Wert von z, wofür dieser Ausdruck noch einen reellen Wert erhält? Hat $\{ax^2+bx+c\}$ ein Minimum oder ein Maximum? Wie groß ist es und zu welchem Werte von x gehört es?

11) Wie lautet das Quadrat von $\{ax\pm\sqrt{b^2-a^2x^2}\}$? Was folgt daraus über die Lage der ausgezeichneten Werte dieser beiden Ausdrücke sowie des Ausdrucks $x.\sqrt{b^2-a^2x^2}$?

---

*) Es ist nur von reellen Werten für die Veränderliche x und von bestimmten endlichen Werten für den ganzen Ausdruck die Rede.

12) Die Lösung für $\{x+\sqrt{a^2-x^2}\}=z$ ist

$$x=\sqrt{\frac{a+\sqrt{3a^2-2z^2}}{2}}.$$

Wie groß ist das Maximum von $\{x+\sqrt{a^2-x^2}\}$, und wo liegt es?

13) Welches einem Kreise vom Halbmesser r eingezeichnete Rechteck hat den größten Umfang und welches den größten Inhalt? Das Ergebnis ist auch geometrisch zu beweisen.

14) Was geschieht mit der Lage und Größe der ausgezeichneten Werte einer von x abhängigen Größe, wenn man sie mit einer positiven oder negativen unveränderlichen addiert, multipliziert oder dividiert oder potenziert, oder wenn man den Ausdruck zum Exponenten einer unveränderlichen positiven Größe macht?

15) Es ist

$$\{d.x+\sqrt{ax^2+bx+c}\}$$

$$=d.\left(x+\frac{b}{2a}\right)+\sqrt{a.\left\{\left(x+\frac{b}{2a}\right)^2+c-\left(\frac{b}{2a}\right)^2\right\}}-\frac{d.b}{2a}.$$

Mit Hilfe solcher Umformung sind folgende Ausdrücke auf ihre ausgezeichneten Werte zu untersuchen:

a) $x+\sqrt{x^2+x-12}$,

b) $2x-\sqrt{4x^2-14x+12}$,

c) $11x\pm\sqrt{6x^2+5x-6}$,

d) $(11x+\sqrt{6x^2+5x-6})^3$,

e) $3^{(11x\pm\sqrt{6x^2+5x-6})}$,

f) $\{x+\sqrt{x^2+x-12}\}^{\{x+\sqrt{x^2+x-12}\}}$,

g) $x.\sqrt{x^2-16x+55}$.

16) Von beiden Seiten her steigt der Ausdruck zu einem Maximum, fällt er zu einem Minimum. Er muß daher kurz vorher und kurz nachher gleiche Werte durchlaufen, so daß ihr Unterschied Null ist, ohne daß der Unterschied der Werte der Unabhängigen dies völlig zu sein braucht. Diese Betrachtung giebt für die Aufsuchung der Lage der ausgezeichneten Werte folgende Regel: Man ziehe den Ausdruck für x_1 von dem für x ab, teile den Restausdruck durch $(x-x_1)$, setze im Quotienten $x=x_1$, ihn dann $=0$ und löse diese Gleichung nach x. So ist

$$\frac{(x^3+ax^2+bx+c)-(x_1^3+a.x_1^2+bx_1+c}{x+x_1}$$
$$=x^2+xx_1+x_1^2+a(x+x_1)+b,$$

also $3x^2+2ax+b=0$ die Bedingung, welche die Werte von x erfüllen müssen, die den Ausdruck (x^3+ax^2+bx+c) auf einen ausgezeichneten Wert bringen sollen. Diese finden sich also bei

$$x=\frac{-a\pm\sqrt{a^2-3b}}{3}.$$

Welches sind die ausgezeichneten Werte?

Man untersuche:

a) x^3-3x+c,
b) $2x^3-3x^2-36x+c$,
c) $2x^3+3x^2-36x+c$,
d) $4x^3-5x^2-12x+c$,
e) $4x^3+5x^2-12x+c$,
f) $x^3+x^2.\sqrt{18}+3x+c$.

17) Die Widerstände zweier prismatischen Balken gegen Biegung, welche rechtwinkligen Querschnitt, gleiches Material und gleiche Länge und Lagerung haben, verhalten sich wie die Werte, welche der Ausdruck bh^2 annimmt, wenn man für b die Breite und für h die Länge des Querschnitts setzt. Wie muß man nun die Breite wählen, wenn man aus einem cylindrischen Balken den rechteckigen von der größten Tragfähigkeit herausschneiden will?

Reciproke und entgegengesetzt reciproke Gleichungen (§ 137a und b).

1) Warum müssen Gleichungen, deren vollständige Koefficientenreihe symmetrisch ist, paarweis reciproke Wurzeln haben?

2) Welche Zahlen sind sich selbst reciprok?

3) Warum muß eine symmetrische Gleichung ungeraden Ranges entweder die Wurzel $+1$ oder die Wurzel -1 haben? Woran ist ohne Substitution zu erkennen, ob $+1$ eine Wurzel ist? Wie läßt sich mit Hülfe dieser Bemerkungen eine symmetrische Gleichung vom $(2n+1)$ Grade auf den $2n$-ten zurückführen?

4) a) $x^3+1=0$,
b) $x^4-1=0$,
c) $x^5+1=0$,

d) $x^5-x^4-18x^3-18x^2+x-1=0,$
e) $x^5+x^4-18x^3-18x^2+x+1=0,$
f) $x^5+3x^4+4x^3+4x^2+3x+1=0,$
g) $3x^5+x^4-18x^3+18x^2-x-3=0.$

Gleichungen von besonderer Form (§ 138).

1) Die Lösung der Gleichung $(x^2+ax)^2+m(x^2+ax)=p$ ist durch die beiden Gleichungen gegeben:

$$z=(x^2+ax)=\frac{-m\pm\sqrt{m^2+4p}}{2}$$

und

$$x=\frac{-a\pm\sqrt{a^2+4z}}{2}.$$

Beweise, daß die Bedingung, welche die vier Koefficienten einer Gleichung 4ten Grades $x^4+\alpha.x^3+\beta.x^2+\gamma x=\delta$ erfüllen müssen, damit sie durch die drei Koefficienten einer biquadratischen Gleichung obiger Form ersetzt werden können, ist: $\gamma=\left(\beta-\left(\frac{\alpha}{2}\right)^2\right)\cdot\frac{\alpha}{2}$.

2) Es ist zu untersuchen, ob diese Bedingung von den Koefficienten der folgenden Gleichungen erfüllt wird, und die betreffenden sind zu lösen:

a) $x^4+2x^3+3x^2+2x=\begin{cases}0\\8\end{cases},$

b) $x^4+4x^3+5x^2+2x=\begin{cases}-1\\+12\end{cases},$

c) $x^4-8x^3+23x^2-28x=\begin{cases}-12\\170-126.\sqrt{2}.\end{cases}$

3) Welches ist die Bedingung dafür, daß eine Gleichung vierten Grades $x^4+\alpha.x^3+\beta.x^2+\gamma.x+\delta=0$ sich auf die Form

$$(x^2+a.b.x+a^2).(x^2+a.c.x+a^2)=0$$

bringen lasse? Wie lauten, wenn diese Bedingung erfüllt ist, die Gleichungen zur Bestimmung der Koefficienten a, b und c aus α, β, γ und δ?

4) Es ist zu beweisen, daß die Gleichungen

$$x^4-8x^3-78x^2-32x-16=0$$

und $$x^4-42x^3+234x^2-378x+81=0$$

unter die Form der Nr. 3 fallen, und sie sind zu lösen.

5) Man substituiere in $(x^n+ax^{n-1}+b.x^{n-2}+\cdots)$ für x den

Ausdruck $\left(u-\frac{a}{n}\right)$ und bestimme in dem neuen Polynom den Faktor von n^{n-1}.

6) Es ist zu beweisen, daß der Ausdruck $u^3-p.u+q=0$ durch die Substitution $u=z.\sqrt{\frac{p}{3}}$ in die Form $z^3-3z+d=0$ übergeführt wird.

7) Man löse die Gleichungen:

a) $x^3+6x^2+9x-50=0$,

b) $x^3-3u^2-24u+2996=0$.

8) Welche Bedingungen müssen die Koefficienten der Gleichung $x^5+\alpha x^4+\beta x^3+\gamma x^2+\delta=0$ erfüllen, damit sie in die Form $u^5-5u^3+5u=2a$ übergeführt werden könne?

Man löse die Gleichungen:

a) $x^5-10x^4+35x^3-50x^2+25x=2$,

b) $3125x^5+3125x^4+625x^3-125x^2-25x=154450$.

E. und F. Auflösung der quadratischen Gleichungen mit Hilfe der Kreisfunktionen und goniometrischer Gleichungen mit Hilfe der quadratischen (§ 138a—140).

1) $x^2-b=0$.

2) $x^2-2x-3=0$.

3) $x^2+2x-3=0$.

4) $x^2+\frac{11}{4}x-29+12.\sqrt{5}=0$.

5) $4\cos x+2.\sqrt{3}.\sin x=5$.

6) $4.\cos x+6.\sqrt{3}.\sin x=11$.

7) $6.\sqrt{3}.\cos x-4.\sin x=7$.

8) $\cos x+\sqrt{3}.\sin x=\begin{cases}2\\ \sqrt{3}\end{cases}$.

9) $\cos 2x+\sin x=1$.

10) $\cos x+\sin 2x=1$.

G. Kubische Gleichungen (§ 140).

1) $z^3-12z+16=0$.

2) $z^3+9z+26=0$.

3) $z^3-9z+28=0$.

4) $z^3-24z+72=0$.

5) $z^3+24z+56=0$.

6) $z^3+45z+98=0$.
7) $z^3-45z+157=0$.
8) $z^3-3z+\frac{730}{27}=0$.
9) $z^3+6z+7=0$.
10) $z^3-24z+513=0$.
11) $z^3-42z+351=0$.
12) $z^3-54z+243=0$.
13) $z^3-60z+189=0$.
14) $z^3+27z+27=0$.
15) $\cos 3\varphi+4\cos\varphi=1$.
16) $x^3+4x^2+3x+2=0$ (§ 141 und 142).
17) $z^3-6z+4=0$ (§ 142).
18) $z^3-7z+6=0$.
19) $z^3-27z+44=0$.

20) Jemand zahlt einer Rentenbank jährlich 800 M. auf Zinseszins ein und hat am Ende des vierten Jahres mit seiner letzten Einzahlung ein Guthaben von 3297,29 M. Wie viel pCt. sind gerechnet.

21) Die Füllung eines Ballons gebe auf den Kubikmeter 580 gr Auftrieb, und seine Umhüllung habe auf den Quadratmeter 102 gr Gewicht. Wie groß muß man den Halbmesser seines Äquators machen, wenn er 600 kg tragen soll?

Gleichungen vierten Grades (§ 143)*).

1) $z^4-6z^2\pm 8z-3=0$.
2) $z^4+6z^2\pm 2z+\frac{3}{4}=0$.
3) $z^4-6z^2\pm 4z-\frac{3}{4}=0$.
4) $z^4-12z^2\pm 13z-12=0$.
5) $z^4+42z^2\pm 104z-147=0$.
6) $z^4+12z^2\pm 8z-12=0$.
7) $z^4-48z^2+104z-192=0$.
8) $z^4+2z^2\pm 13z-32=0$.
9) $z^4-36z^2\pm 32z+192=0$.
10) $z^4-4z-45=0$.
11) $z^4\pm 17z+5=0$.
12) $z^4\pm 28z-15=0$.
13) $z^4\pm 13z-14=0$.

*) Ausführlicheres: Funcke, Progr. 247 der Realschule zu Neumünster 1880.

14) $z^4 \pm 13z - 42 = 0.$

15) $z^4 + 81z + \frac{243}{2} = 0.$

16) $z^4 + 49z - \frac{147}{2} = 0.$

17) $z^4 + 24z + 24 = 0.$

18) $z^4 + 28z - 45 = 0.$

19) $z^4 \pm 13z - 32 = 0.$

20) $z^4 + 6z^2 \pm 8z - 5 = 0$ } (Moivre).

21) $z^4 + 16z + 24 = 0$ }

22) $x^4 - 2x^3 - x^2 - 2x - 2 = 0.$

23) $z^4 + \frac{3}{4}m^2 . z^2 \pm m^3 . z \pm \frac{33}{64}m^4 = 0.$

24) Ein leuchtender Punkt befindet sich 4 m über einer ebenen Wasserfläche, ein Punkt eines von ihm ausgehenden gebrochenen Strahls 1 m unter derselben. Der Abstand derselben von einander parallel der Fläche betrage 2 m; der Brechungsexponent sei $= \frac{4}{3}$. Wo liegt der Einfallspunkt?

25) Auf einem Billard liegen zwei Bälle 30 und 10 cm von der Bande entfernt; die Lote von ihren Mittelpunkten auf diese schneiden ein Stück von 60 cm ab. Jemand will dem ersten einen seitlichen Anstoß („Effekt") zum Vorwärtsrollen an der Bande so geben, daß der sin des Einfallswinkels sich zum sin des Ausfallswinkels verhält wie 2 : 3 und damit im Rücklauf den zweiten treffen. Wo muß die Bande berührt werden?

26) Wenn die Flächen eines Sechsmalachtflächners des regelmäßigen Krystallsystems die Achsen nach den Verhältnissen $n : 1$ und $m : 1$ $(n > m)$ schneiden, so sind die Winkel an den oktaedrischen Kanten (α), an den Pyramidalkanten (φ) und an den deltoedrischen Kanten (δ) bestimmt durch die Gleichungen $\tan\frac{\alpha}{2} = \frac{n.\sqrt{1+m^2}}{m}$,

$$\tan\frac{\varphi}{2} = \frac{\sqrt{(m+n)^2 + 2.m^2n^2}}{n-m} \text{ und } \tan\frac{\delta}{2} = \frac{\sqrt{2m^2 + n^2(m+1)^2}}{n(m-1)}.$$

Welche Koefficienten (m und n) gehören zu $\frac{\varphi}{2} = 84^\circ 12' 8''$ und $\frac{\delta}{2} = 83^\circ 56' 75''$?

27) Wie groß müßte der Koefficient m eines krystallographischen Pyramidenwürfels $\frac{m.a : a : \infty a}{2}$ werden, wenn dieser ein regelmäßiger Körper werden sollte?

28) Jemand zahlt jährlich 800 M. ein und hat nach der fünften Einzahlung ein Guthaben von 4247,20 M. Wie hoch ist der Zinsfuß?

Anwendungen der Kettenbrüche (VII)*).

1) Man verwandle a) $e = 2{,}7182818$, b) $\log e = 0{,}4342945$, c) $l_n\, 10 = 2{,}3025851$, $\log \pi = 0{,}4972499$ in Kettenbrüche und bestimme die Näherungswerte. Bei der Division ist jedesmal der genaueste Quotient zu nehmen, wenn dadurch auch der folgende Rest und Partialbruch negativ wird.

2) Wenn mit derselben Phase zur selben Zeit in demselben Mittel nach derselben Richtung von demselben Punkte zwei gleichartige Wellenbewegungen von den Wellenlängen 0,0005886 mm und 0,0005256 mm ausgehn: in welchen Entfernungen wird Knoten mit Knoten und Maximalschwingung mit gleichgerichteter Maximalschwingung zusammentreffen? Wo aber wird die Schwingung entgegengesetzt sein?

3) Welche Obertöne werden im Klange einer Saite dauernd hervortreten, wenn sie in a) $\frac{2}{5}$, b) $\frac{3}{4}$, c) $\frac{1}{5}$ ihrer Länge gezupft wird?

4) Das Volumgewicht einer nur aus Kohlenstoff, Wasserstoff und Sauerstoff bestehenden Verbindung ist 44, das Volumgewicht der Produkte ihrer vollständigen Verbrennung $= 20$; wie kann sie zusammengesetzt sein? Ausrechnung: Die Anzahl der Atome Kohlenstoff, Wasserstoff und Sauerstoff mögen c, h und o heißen, die Atomgewichte abgerundet gesetzt werden: $C = 12$, $H = 1$, $O = 16$. Der Molecularformel einer Verbindung entsprechen 2 l ihres Dampfes. In 2 l Wasserdampf (H_2O) sind 2 l Wasserstoff und 1 l Sauerstoff von demselben Druck und derselben Temperatur enthalten. Diese wiegen $(2 + 16)$mal so viel wie 1 l Wasserstoff; das Gewicht von 1 l Wasserdampf ist daher 9mal so groß wie das von 1 l Wasserstoff (Volumgewicht des Wasserdampfes $= 9$). 2 l Sauerstoff (Gewicht $=$ dem von 32 l Wasserstoff) bilden mit 12mal so viel Kohlenstoff wie 1 l Wasserstoff wiegt, 2 l Kohlendioxid CO_2 von demselben Druck und derselben Temperatur. Diese entsprechen aber, bezogen auf das Gewicht von 1 l Wasserstoff, dem einfachen Atom-

*) Weiteres: Funcke, Krumme's pädag. Archiv 1881, Heft 3.

gewicht des Kohlenstoffs, während zu 2 l Wasserdampf auch 2 l Wasserstoff gehören. h l Wasserstoff liefern also durch vollständige Verbrennung das neunfache Gewicht Wasserdampf in h l verteilt; dem c-fachen Atomgewicht Kohlenstoff entsprechen nach derselben $2.c$ l mit dem $44.c$-fachen Gewicht von 1 l Wasserstoff. Sauerstoff ist in keiner verdampfbaren Verbindung überschüssig vorhanden und wird zur Verbrennung verbraucht (Stickstoff wird bei der einfachen Verbrennung unverbunden ausgeschieden). Daher ist das Volumgewicht des Dampfes ausgedrückt einerseits durch $(12.c+1.h+16.o)$, andererseits durch 2.44, das mittlere Volumgewicht der Verbrennungsprodukte einerseits durch $\frac{44.c+9.h}{2.c+1.h}$, andererseits durch 15,5. Die Gleichung $\frac{44.c+9.h}{2.c+1.h} = 15{,}5$ ist gleichbedeutend mit $2c=h$. Dies in $12.c+h+16.o=2.44$ eingesetzt führt zu $h=12-2.o+2\cdot\frac{2-o}{7}$. Es muß also für die Anzahl der Sauerstoffatome o im Molekül der Verbindung eine Zahl so bestimmt werden, daß $\frac{2-o}{7}$ eine Ganzzahl g wird. Das giebt die Ausdrücke $o=2-7g$, $h=8+15g$; keiner von beiden darf negativ sein, also bleibt nur möglich $g=o$, d. h. $C_4H_8O_2$. Der entsprechen 5 verdampfbare Verbindungen mit verschiedenen Siedepunkten und verschiedenen chemischen Charakteren.

5) Welches ist die Formel für eine Verbindung*)

a) aus Stickstoff und Sauerstoff vom Volumgewicht 22,

b) aus Osmium und Sauerstoff vom Volumgewicht 131,5,

c) aus Phosphor und Chlor vom Volumgewicht 68,535,

d) aus Schwefel und Chlor vom Volumgewicht 67,5?

6) Eine zweibasische Säure (2 Gruppen $CO.OH$ im Molekül, das übrige Kohlenwasserstoffe**)) bildet einen Ester (H der Gruppe $CO.OH$ durch ein Alkoholradikal C_nH_{2n+1}, oder auch 2 solche H durch C_nH_{2n} ersetzt) vom Volumgewicht 146; wie kann der Ester zusammengesetzt sein?

7) Beim Verpuffen von Grauspießglanz (Sb_2S_3)*) mit Kaliumchlorat ($KClO_3$) erhält man ein orangefarbenes und ein weißes Sub-

*) $N=14$; $Os=99$; $P=31$; $Cl=35{,}5$; $S=32$; $Sb=122$.

**) Wenn nicht durch Substitution weiter verändert.

limat, aber keinen Geruch nach verbrennendem Schwefel, dagegen solchen, der an verbranntes Antimon ($Sb_2 O_3$) erinnert. In welche Gleichungen lassen sich die wahrscheinlichen Vorgänge zusammenfassen?

8) Wenn $x^2 - 7x + 1 = 0$, so auch $x^2 = 7x - 1$ und $x = 7 - \frac{1}{x}$,

also $x = 7 - \cfrac{1}{7 - \cfrac{1}{7 - \cfrac{1}{7 - \dots}}}$. Es sind die Näherungswerte zu bestimmen, durch Decimalbrüche auszudrücken und mit dem Ergebnis, der in herkömmlicher Weise gelösten Gleichung zu vergleichen.

9) Man löse die Proportion des goldnen Schnittes $1 : x = x : (1 - x)$ mit Hilfe von Kettenbrüchen. Bei was für Koefficientenverhältnissen verliert diese Methode ihre Brauchbarkeit?

VIII. Logarithmen. IX. Zinseszins- und Rentenrechnung.

1) $10^{\log x} = a$.

2) $\log(10^x) = a$

3) $10^{\log(x^2)} = a$.

4) $(10^2)^{\log x} = a$.

5) $(10^{\log x})^2 = a$.

6) $10^{[(\log x)^2]} = a$; $10^{[(\log x)^2]} = 1$.

7) $10^{\log^2 x} = 10^{\log(\log x)} = 0$.

8) $\log[10^{\log x}] = 2$.

9) $\log_{\text{bas} 3} 729 = x$.

10) $\log_{\text{bas} 3} x = \log_{\text{bas} x} 3$.

11) $\log_{\text{bas} x} 10000 = \log_{\text{bas} 10} x$.

12) $\log_{\text{bas} x} 3 = \log_{\text{bas} 2} x$.

13) $7^x + 7^{x+1} + 7^{x+2} = 5^x + 5^{x+2} + 5^{x+4}$.

14) $x^{\log x} = 1000 . x^2$.

15) Wenn ein Seil, an dessen Enden die Kräfte K und L ziehn, über den Umfang einer festen Kreisscheibe gelegt ist und daran einen Centriwinkel α (absol. Maß) umspannt, die Zahl f (Reibungs-Koefficient) das Verhältnis des Zuges, welcher in gerader Linie eine vorhandene Reibungsbewegung beider Stoffe eben unterhält, zu dem Drucke bedeutet, welcher sie auf einander preßt, so wird das Seil

durch die beiden Kräfte aus der Ruhe nicht in Bewegung versetzt, wenn ihr Verhältnis $\frac{K}{L}$ zwischen den beiden Werten $e^{+f.a}$ und $e^{-f.a}$ liegt. Um einen wie großen Bogen muß man das Seil legen, wenn bei $f=0{,}2$ eine Kraft eine hundertfache Last in Ruhe oder gleichmäßigem Sinken erhalten soll?

16) Wenn man keine Rücksicht auf Unterschiede der Temperatur und der Feuchtigkeit zu nehmen hat, so ist der Höhenunterschied h zweier Orte mit den gleichzeitigen Barometerständen b_x und b_y durch die Formel $h=\left(\frac{\log b_x}{\log b_y}\right)\cdot 18392\,\text{m}$ bestimmt. Wie liegt der zweite Ort zum ersten, wenn

1) $b_x=760\,\text{mm}$ und $b_y=750\,\text{mm}$?
2) $b_x=750\,\text{mm}$ und $b_y=740\,\text{mm}$?
3) $b_x=740\,\text{mm}$ und $b_y=730\,\text{mm}$?

17) Banken mit fortwährendem, starkem Geldumsatz können statt der gebräuchlichen Verzinsung von Termin zu Termin zusammenhängende Verzinsung rechnen und erhalten dann das Resultat, daß ein Kapital c, welches von jetzt nach x und n Jahren ausgeliehen und wieder erhoben werden soll, zum Werte $y=c.e^{p(n-x)}$ anwächst, worin p den Zinsfuß bedeutet.

I) $c=10000$ Mark, $x=0$, $n=10$ Jahre, $p=0{,}03$ (3 pCt.). Wie groß wird das Kapital a) mit einfachen Zinsen, b) mit Zinseszins in Jahresterminen, c) mit continuierlicher Verzinsung?

II) Wie lange muß ein Kapital bei 3 pCt. stehen, um nach den drei Verzinsungsarten verdoppelt zu werden?

III) Wie verhält sich die Verdopplungszeit bei 5 pCt. und einfachem Zins zu der bei 4 pCt. und Zinseszins und zu der bei 3 pCt. und ununterbrochener Verzinsung?

18) Nach Gauß verhalten sich die Wahrscheinlichkeiten, unvermeidliche Beobachtungsfehler von den Größen x_1 und x_2 unter gleichen Umständen gemacht zu haben, wie $e^{-h.x_1^2} : e^{-h.x_2^2}$, worin h eine von der Natur des einzelnen Beobachtungs-Instruments abhängige Zahl ist. a) Es sei nun für ein bestimmtes Winkelmeß-Instrument bezogen auf Angabe des Fehlers in Sekunden ermittelt $h=5$; wie verhalten sich dann die Wahrscheinlichkeiten, daß derselbe Beobachter mit diesem Instrumente unter gleichen Umständen und Anwendung

aller Vorsichtsmaßregeln in gleich viel Beobachtungen einmal einen Fehler von 0,04″, ein andermal einen solchen von 0,1″ gemacht habe? b) Welche Fehler x_1 und x_2 sind für zwei Instrumente, deren eins $h = 5$, das andere $h = 6$ hat, unter sonst gleichen Umständen gleich wahrscheinlich?

Trigonometrie.

A.

1) Was entsteht, wenn man zwei kongruente rechtwinklige Dreiecke mit einem Winkel von 18° von dessen Scheitel bis an den des rechten Winkels an einander legt? Man stelle danach die einfachsten Ausdrücke für die Kreisfunktionen des Winkels von 18° her und berechne sie logarithmisch.

2) Man drehe einen Strahl von Einheitslänge von einer Anfangslage aus um eine volle Umdrehung und lasse ihn die Gerade mitführen, welche seinen Endpunkt auf die Anfangslage projiciert; die Strecke auf dieser vom Endpunkt bis zu seiner Projektion heiße die Sinuskathete des überstrichenen Winkels und der Abschnitt auf der Anfangslage vom Drehpunkt bis an die Projektion des Endpunkts die Cosinuskathete. Was geschieht mit der Richtung der Sinuskathete, was mit der der Cosinuskathete, wenn der Winkel 90°, 180°, 270° überschreitet? Welche Vorzeichen müssen wir also den Funktionen in den einzelnen Quadranten beilegen?

3) Man lasse den sich drehenden Schenkel (Nr. 2) eine dem sin oder dem cos des überstrichenen Winkels proportionale Länge annehmen; welches ist der geometrische Ort seines Schenkels?

§ 168. 4) Man lege an den (Nr. 2) durch den Schenkel von der Länge 1 beschriebenen Kreis im O-Punkte eine Tangente und beweise, daß der bewegte Strahl auf dieser eine Strecke abschneidet, deren Längenzahl die trigometrische Tangente des Winkels ist. Man trage zur Veranschaulichung ihres Verlaufs auf dem Endschenkel des Winkels ihren Wert ab. In welcher Beziehung steht die Cotangentencurve zur Tangentenkurve?

5) Der Schatten eines Turms in horizontaler Ebene ist 60 m

lang, und der Winkel, unter welchem die Sonnenstrahlen auf die Erde gelangen, beträgt 63°; wie hoch ist der Turm?

6) Man weiß, daß der Mast eines Schiffes, welches vor Anker liegt, 10 m hoch ist; man steht mit dem Verdeck in gleicher Höhe und sieht den Mast unter einem Sehwinkel von 11°13′. Wie weit ist das Schiff entfernt?

7) Unter welchem Winkel wird ein Gegenstand von 11 m Höhe einem Beobachter erscheinen, der 103 m in der Horizontalen des Fußpunktes entfernt ist?

8) Eine Kathete $a = 15{,}5$ m, der anliegende spitze Winkel $\beta = 17^\circ 23' 15''$; wie lang ist der Halbmesser des umschriebenen Kreises r?

9) Wie groß ist die zweite Kathete b und die Fläche F des eben genannten Dreiecks? Wie lang die Hypotenuse c, die Höhe h auf der Hypotenuse und der Halbmesser des Innenkreises ϱ und die der angezeichneten Kreise ϱ_a, ϱ_b und ϱ_c?

10) Jemand hat einen Winkelmeßapparat am Ufer eines Sees 1,40 m über der Oberfläche aufgestellt und erblickt das Spiegelbild der Spitze eines 3 m hohen Gegenstandes am andern Ufer unter einem Depressionswinkel (Winkel unter der Horizontalen) von 3°. Wie breit ist der See? Unter welchem Elevationswinkel (Erhebung über die Horizontale) muß ihm die Spitze selbst erscheinen?

11) Der Brechungsexponent für den Uebergang einer gewissen Lichtart von Luft in Wasser sei $\frac{4}{3}$, der Einfallswinkel 30°. Wie groß ist der Brechungswinkel? Wie groß aber müßte der sin sein, wenn der Strahl unter 30° aus dem Wasser auf die Grenzfläche träfe? Was ist die Folge?

B und C.

12) Wie verhält sich der Halbmesser ϱ des Innenkreises zu dem Halbmesser r des Kreises durch die Ecken im regelmäßigen: a) 3=, b) 6=, c) 12=, d) 24=, e) 4=, f) 8=, g) 16=, h) 5=, i) 10=Eck?

13) Wie groß ist der Inhalt des regelmäßigen Siebenecks, wenn dessen Seite = 1,2537 m ist?

14) Der Schenkel eines gleichschenkligen Dreiecks sei $a = 5{,}003$ m, der Winkel an der Spitze $\gamma = 137^\circ 13'$. Es soll der Inhalt nach beiden Formeln des § 160 berechnet werden.

15) Ein kugliger Ballon von 22 m Durchmesser erscheint unter einem Sehwinkel von 20′ und einem Erhebungswinkel von 60°; wie weit ist er entfernt und wie hoch schwebt er?

16) Man erblickt von einem Schiff aus einen Leuchtturm von 25 m Höhe unter einem Winkel von 3°; wie groß ist seine Entfernung zu setzen, wenn man annehmen darf, die Sehlinie nach dem Fußpunkte sei horizontal. Welchen Wert erhalten wir, wenn wir die Erde als Kugel von 1716,96 geographischen Meilen zu 7420,44 m und ihre Halbmesser als mechanisch senkrecht betrachten?

17) Wie viel Grade umfaßt der Gesichtskreis von der Spitze des Piks von Teneriffa (3716 m)?

D.

18) In einem Dreiecke ist die Grundlinie $c = 317$ m, die Winkel an ihr $\alpha = 50°$, $\beta = 70°$; wie lang sind die beiden Seiten a und b?

19) Man steht in einer Allee von 11 m Breite und hat den Anblick, als liefen die Baumreihen in einem bestimmten Punkte („Fluchtpunkt") zusammen. Punkte, deren Entfernung unter einem Sehwinkel von 40″ oder weniger erscheint, können wir nicht unterscheiden. Wie weit ist dieser Punkt entfernt?

20) Man hat, um 2 Punkte C und D durch einen Tunnel zu verbinden, in einem Viereck $ABCD$ die Standlinie (g) $AB = 371{,}3$ m und die beiden Paare anliegender Winkel der Richtungen nach C und D gemessen: $CAB = 70°$ (α_1), $DAB = 50°$ (α_2), $CBA = 100°$ (β_1) und $DBA = 80°$ (β_2). Es werden gesucht die Winkel ADC (δ), BCD (γ) und die Länge CD (x).

21) Am Ufer eines Sees steht ein Turm 60 m hoch; von seiner Spitze aus erblickt man ein Wölkchen unter einem Erhebungswinkel von 71° und ihr Spiegelbild unter einem Senkungswinkel von 71°50′. Wie weit entfernt und wie hoch steht das Wölkchen?

22) Um die Höhe verschiedener Türme zu bestimmen, hat man je nachdem, wie es die Lage erlaubt, verschiedene Elemente gemessen:

1) eine auf den Fuß gerichtete horizontale Standlinie $g = 10$ m und an ihren Enden die Erhebungswinkel nach der Spitze $\alpha = 50°$ und $\beta = 60°$,

2) eine in der Horizontalebene des Fußes liegende, aber nicht auf ihn gerichtete Standlinie $g = 30$ m, die Erhebungswinkel $\alpha = 80^\circ$ und $\beta = 50^\circ$ und die Winkel, welche die Standlinie mit den Richtungen nach dem Fuße des Turmes bildet, $\alpha_1 = 110^\circ$ und $\beta_1 = 50^\circ$,

3) eine senkrechte Standlinie (Entfernung übereinanderliegender Fenster) $g = 4$ m, die Erbehungswinkel $\alpha = 70^\circ$, $\beta = 65^\circ$ und den Senkungswinkel $\alpha_2 = 40^\circ 13'$,

4) eine auf den Fuß zeigende unter 10° ansteigende Standlinie $g = 44$ m und die Erhebungswinkel $\alpha = 66^\circ$, $\beta = 60^\circ 6'$,

5) eine am Fuß vorbeigehende unter 8° geneigte Standlinie $g = 56$ m mit den Horizontalwinkeln nach der Projektion des Turmfußes $\alpha_1 = 43^\circ 17'$ und $\beta_1 = 52' 43'$, dem Erhebungswinkel $\alpha = 42^\circ 30'$ und dem Senkungswinkel $\alpha_2 = 17^\circ 30'$,

6) von einer Gallerie desselben aus den Erhebungswinkel $\beta = 30^\circ$ nach einer Felsecke von bekannter Höhe $h = 100$ m und den Senkungswinkel nach ihrem Spiegelbilde $\beta_1 = 80^\circ$ in einem zwischenliegenden See, sowie vom Fuße jenes Felsen den Erhebungswinkel $\alpha = 75^\circ$ nach der Spitze des Turms.

Welche Höhen haben die sechs Türme?

23) Von einem Leuchtturme erblickt man breitseits ein 100 m langes Kriegsschiff unter einem Sehwinkel von 12°; wie weit ist es entfernt. Gleich darauf erscheint es unter 5°; um wie viel hat es sich gedreht, wenn wir die Entfernung als gleichgeblieben ansehen können?

24) Die Gefechtsmasten zweier Kriegsschiffe von je 8 m Höhe mögen zugleich unter Sehwinkeln von 3° und 2°, kurz darauf von 2° und 1° gesehen werden, die Richtungen sich dabei um 10° und 8° nach der Mitte des Sehfeldes verschoben haben, von der sie anfänglich je 30° entfernt waren. a) Wie weit sind sie von einander entfernt, wenn sie durch dieselbe Sehlinie gehen? b) Wo liegt der Schnittpunkt ihrer Bewegungslinien? c) Wie weit sind sie von einander entfernt, wenn das erste durch diesen fährt?

25) Man will die Entfernung zweier Punkte A und B wissen, von deren jedem man den andern und zwei weitere C und D sehen kann, deren Entfernung man kennt. $CD = 250$ m, $\angle CAD = 30^\circ$, $DAB = 60^\circ$, $ABC = 45^\circ$, $CBD = 45^\circ$.

26) Ein Dreieck ABC ist durch zwei Seiten a und b und den eingeschlossenen Winkel γ bestimmt. Ein Punkt P soll in bezug auf

dasselbe festgelegt werden. Dazu sind die Winkel $APB = \varphi$ und $BPC = \psi$ gemessen. Wie groß sind $ABP(\beta_1)$ und $BAP(\alpha_1)$? $a = 330$ m, $b = 452$ m, $\gamma = 123^\circ 10'$, $\varphi\ 13^\circ$, $\psi = 19^\circ$.

27) Ein Thal bestimmt die Richtung eines Kanals. Derselbe würde an einem Punkte A, der von seinem Austritt B aus der Felsenenge 10 km entfernt ist, in einer Entfernung von 2 km vorbeiführen, soll aber durch denselben gehen in einer Richtung, die mit seiner ursprünglichen einen Winkel von 60° einschließt. Die Überführung aus der einen in die andere Richtung will man durch einen Kreisbogen vom Halbmesser $r = 1$ km bewirken. Wie weit geht der Kanal in gerader Linie über B hinaus? Welchen Winkel bildet die Richtung von B nach dem Mittelpunkte M mit AB, und wie lang ist BM?

28) Es sind drei Punkte A, B und C der Lage nach bekannt; um einen vierten D festzulegen, hat man den Winkel ADB und BDC gemessen; es sollen die Winkel DAC und DCA berechnet werden (Pothenot). $AB(c) = 1500$ m, $BC(a) = 880$ m, $\angle ABC(\beta) = 122^\circ$, $ADB(\delta_1) = 72^\circ$ und $BDC(\delta_2) = 30^\circ$.

29) Ein Auge, 150 m über einem Wasserspiegel erblickt in scheinbar gerader Linie unter einem Senkungswinkel von 45° in anscheinend 4 m Entfernung einen Fisch. Wo ist derselbe zu suchen, wenn der Brechungsexponent $= \frac{4}{3}$ ist?

E. Zur trigonometrischen Behandlung von Konstruktionsaufgaben.

I. Analysis und Konstruktion.

1) Welche Strecken am rechtwinkligen Dreieck verhalten sich wie die Quadrate der Katheten?

2) Wie läßt sich ein Winkel konstruieren, dessen tan oder cot, sin oder cos gleich dem Verhältnis zweier gegebenen Flächen ist?

3) Wie sind die Winkel φ zu konstruieren, die folgenden Gleichungen genügen:

a) $\sin\varphi = \sin\alpha . \sin\beta$,

b) $\cos\varphi = \cos\alpha . \cos\beta$,

c) sin oder $\cos\varphi = \frac{a}{c} \cdot \sin\beta + \frac{b}{c} \cos\beta (a$ und $b < c)$?

4) Zu konstruieren $\tan\varphi = \sqrt{\frac{a}{b}} = \frac{\sqrt{a.b}}{b}$.

5) Nach welchem trigonometrischen Lehrsatz läßt sich das Verhältnis zweier sin durch das Verhältnis zweier Strecken ersetzen? Wie ist der Winkel φ zu der Gleichung $\sin\varphi = \frac{\sin\alpha}{\sin\beta}$ zu konstruieren, und an welche Bedingung ist die Konstruktion gebunden?

6) Die ebene Grenze zweier durchsichtigen Mittel, der Brechungsexponent, ein Punkt des Einfallsstrahls und einer des gebrochenen sind gegeben: der Einfallspunkt wird gesucht.

7) Wenn $\frac{\sin(\alpha-\varphi)}{\sin\varphi} = \frac{a}{b}$, durch welchen Ausdruck wird dann $\tan\varphi$ dargestellt? Wie ist er zu konstruieren?

8) Ein gegebener Winkel α soll so geteilt werden, daß die sin der Teile ein vorgeschriebenes Verhältnis $\frac{a}{b}$ haben.

9) Zwei parallele Gerade und ein Punkt zwischen ihnen sind gegeben. Dieses soll zur Spitze eines gleichschenklig rechtwinkligen Dreiecks gemacht werden, dessen Hypotenusenenden auf den Parallelen liegen.

10) Wie 9): nur das Dreieck soll gleichseitig sein.

11) Auf einer Seite eines gleichseitigen Dreiecks ist ein Punkt als Ecke eines eingezeichneten gegeben; auf den andern Seiten sollen die beiden andern Ecken bestimmt werden.

12) In ein gegebenes Dreieck soll ein ähnliches so gezeichnet werden, daß die Ecken auf denjenigen Seiten enthalten sind, welche den homologen Ecken gegenüberliegen; eine der Ecken ist gegeben.

13) Ein Quadrat einem gleichseitigen Dreieck einzuzeichnen.

14) Einem Quadrat ein gleichseitiges Dreieck von einem gegebenen Punkte aus einzuzeichnen.

15) In ein gegebenes rechtwinkliges Dreieck ein gleichseitiges einzuzeichnen; die Ecke auf der Hypotenuse ist vorgeschrieben.

16) Ein Dreieck aus zwei Seiten (a und b) und der Halbierenden (w_c) des eingeschlossenen Winkels zu konstruieren (γ?).

17) Gegeben w_c, h_c, γ; (($\alpha-\beta$)? a? b?). (Vgl. II_3, S. 11.)

II. Determination.

1) Welches von allen Dreiecken, die über einer gegebenen Sehne einem gegebenen Kreise eingezeichnet werden können, hat die größte Höhe? Welcher Ausdruck aus a und r oder a und α bestimmt den Wert, welchen h nicht überschreiten darf, wenn es mit den beiden ersten Konstruktionsstücken einem Dreieck angehören soll?

2) Welchen Wert darf ϱ nicht überschreiten in der Aufgabe: a, ϱ, α?

3) Es ist $\overline{MM_a}$ durch ϱ und ϱ_a oder durch ϱ und α, oder durch ϱ_a und α auszudrücken und das Minimum für MM_a (was für ein Dreieck?) in der betreffenden Aufgabe zu bestimmen.

4) Determination zu s, ϱ, ϱ_a.

5) Determination zu s, α, ϱ, oder s, α, ϱ_a.

6) Determination zu ϱ, r, α.

Geometrische und arithmetische Reihen (§ 182).

1) Aus einem um a vom Scheitel entfernten Punkte auf einem Schenkel eines Winkels α ist ein Lot auf den andern gefällt, vom Fußpunkt eins auf den ersten u. s. w. Wie lang ist der gebrochene Zug bis an den Scheitelpunkt?

2) Von einem gegebenen Punkte der Halbierenden eines Winkels fällt ein Strahl unter gegebenem Winkel auf den einen Schenkel, wird reflektiert auf den andern u. s. w. Wie lang ist der gebrochene Zug bis an den Scheitel?

3) An den eingezeichneten Kreis eines Dreiecks werden nach den drei Ecken zu Kreise gelegt, von denen jeder ihn und die Schenkel desjenigen Winkels berührt, worin er liegt, u. s. w. Es ist das Verhältnis der Summe der unendlich vielen Kreisflächen zur Fläche des Dreiecks durch die Funktionen der Dreieckswinkel auszudrücken.

4) In einen Kreis ist ein Quadrat beschrieben, in dieses wieder ein Kreis u. s. w. Den wie vielten Teil des ersten Kreises macht der $n$te, den wie vielten die Summe sämmtlicher Segmente aus?

5) Zu welcher Summe wachsen jährliche Zahlungen von 100 Mark in 25 Jahren mit 3 pCt. Zinseszins an? Wie groß ist ihr gegenwärtiger Wert?

6) Jemand versichert sein Leben zu 10000 Mark gegen eine jährlich vorauszuzahlende Prämie von 600 Mark. Er stirbt nach 24 Jahren; wer hat bei dem Geschäft gewonnen, wenn $3\frac{1}{2}$ pCt. Zinseszins gerechnet werden?

7) Der Bau einer Badeanstalt in Holz kostet 900 Mark. Dazu kommen 3 pCt. jährliche Reparaturkosten, alle 15 Jahre eine größere von 20 pCt. und alle 50 Jahre ein Neubau. Wenn die gefährdetsten Konstruktionsteile in Eisen ausgeführt werden, soll der Bau das Doppelte kosten, die jährliche Reparatur aber auf 1 pCt. sich ermäßigen, die größere nur alle 30 Jahre nötig werden und nur 15 pCt. betragen, ein Neubau erst nach 200 Jahren nötig werden. Welcher Plan ist der vorteilhaftere bei $3\frac{1}{2}$ pCt. Zinseszins?

8) Zwei walmdachförmige Haufen gleich großer Kugeln, der eine 17.97, der andere 23.83 Kugeln in der Grundfläche enthaltend, sollen in einen quadratisch pyramidalen zusammengelegt werden, so daß keine übrig bleibt, aber die Grundfläche möglichst klein wird. Wie viele Kugeln muß die Grundkante enthalten, wie viele fehlen an der Spitze, und wie viele Schichten macht das aus?

9) Man stelle folgendermaßen eine Reihe von Zahlen her: Zuerst nehme man einen Punkt, dann die Ecken eines gleichseitigen Dreiecks, dessen Mittelpunkt er ist. Um dieses lege man in doppelter Längenausdehnung ein zweites, dann in dreifacher ein drittes u. s. w. und auf jedem Umfange von den Ecken aus in gleichen Entfernungen Punkte. Die Reihe der Zahlen 1, 4, 10, . . . von Punkten, welche auf dem Umfange und im Innern dieser Dreiecke enthalten sind, nennt man Dreieckszahlen. Legt man statt des Dreiecks ein regelmäßiges Fünfeck zu Grunde, so erhält man die Fünfeckszahlen. Was sind also Pyramidalzahlen? Wodurch ist der Ausdruck „Figurierte Zahlen" für die ganze Gruppe begründet? Es ist zu beweisen, daß die Polygonalzahlen Differenzreihen zweiter Ordnung und die Körperzahlen solche dritter Ordnung sind.

10) Eine archimedische Spirale wird vom beweglichen Ende eines Strahls beschrieben, der sich proportional seiner Drehung verlängert. Die Verlängerung bei der Drehung um die Winkeleinheit heiße a. Welcher Ausdruck stellt den Ausschnitt zwischen α_0 und α_1 dar?

Kombination und Wahrscheinlichkeit (§ 187).

1) Auf wie vielerlei Weise kann man ein Produkt von 7 verschiedenen Primfaktoren in zwei ganzzahlige Faktoren zerlegen?

2) Welches ist der Koefficient von

$$a^1 . b^2 . c^3 . d^5 . e^7 . f^{11} \quad \text{in} \quad (a-b+c-d+e-f)^{29}?$$

3) Wie viele einsilbige Wörter zu vier Lauten können wir aus den Lauten der deutschen Sprache so bilden, daß an vierter Stelle ein beliebiger Konsonant, an dritter ein einfacher Vokal (Umlaute mitgerechnet), an zweiter ein Zungenlaut und an erster einer der übrigen Konsonanten steht?

4) In der Chemie unterscheiden wir einwertige Stoffe (z. B. Wasserstoff: H), von denen sich jedes Atom nur einem Atom eines anderen Stoffes verbinden kann, von zweiwertigen, deren jedes Atom zwei Atome anderer Stoffe zusammenhalten kann (z. B. Sauerstoff: O), von dreiwertigen (z. B. Stickstoff: N), vierwertigen (z. B. Kohlenstoff: C), die es bis zu vier bringen können u. s. w. Aber wie mehrere Menschen einander nicht nur so fassen können, daß an jede Hand ein anderer faßt, sondern auch zu Paaren gegenseitig mit beiden Händen, oder auch so, daß jeder eine Hand frei behält, so können derartige Unterschiede der Bindung auch bei zweiwertigen und in noch größerer Abwechslung bei mehrwertigen Atomen auftreten und man unterscheidet dem entsprechend die ersten beiden als gesättigte Verbindungen mit einfacher oder Doppel- (oder mehrfacher) Bindung von den letzten als ungesättigten.

a) Sind gesättigte Verbindungen der Formel $C_3 H_6 O_2$ ohne mehrfache Bindung der Kohlenstoffatome untereinander möglich?

b) Wie viele Gruppierungen der Formel, in welchen ein Kohlenstoffatom an die beiden andern doppelt gebunden ist, die beiden Sauerstoffatome aber nicht unmittelbar aneinander hängen?

c) Wie viele sonst?

5) Wie verhalten sich die Wahrscheinlichkeiten, mit zwei Würfeln in einem Wurfe 4 oder 9 Augen zu werfen?

6) Wie sind die Konstanten C und h der Gaußischen Wahrscheinlichkeitsfunktion $W = C . e^{-hx^2}$ für ein gegebenes Winkelmeßinstrument zu bestimmen, wenn ein Beobachter unter 1000 gleichen

Beobachtungen 30 mal eine Abweichung von 1″ und einmal eine von 2″ vom mittleren Werte der Beobachtungen gehabt hat?

7) Wenn ein Quadrat von einem Meter Seite a) mit x m Geschwindigkeit sich senkrecht zu seiner Fläche durch einen Raum bewegt, der im Kubikmeter n stoffliche Punkte ruhend oder parallel der Fläche des Quadrats bewegt enthält: wie viele muß es dann in der Sekunde mit seiner Vorderfläche treffen? b) Wie viele, wenn sie ihm mit vm Geschwindigkeit entgegenkommen? c) Wie ist aber der Vorgang, wenn sie sich in derselben Richtung mit kleinerer oder größerer Geschwindigkeit als das Quadrat bewegen? d) Wenn eine senkrechte sehr dünne Platte von 1 qm Vorderfläche mit 2 m Geschwindigkeit in einer Luft mit durchschnittlich 1000 senkrecht fallenden Regentropfen von 2 mm Dicke im Kubikmeter horizontal nach vorn geschoben würde: wie viel Regenwasser würde sie dann in der Sekunde auf ihrer Vorderfläche auffangen?

8) Der Sinn der Drehung der Erde und ihres Umlaufs (aber nicht das Größenverhältnis der beiden Geschwindigkeiten) ist so, als ob die Erde rolle. Zu welcher Tageszeit müßten die Sternschnuppen und Meteorsteinfälle am häufigsten und heftigsten sein, wenn die Meteoriten nach Richtung, Geschwindigkeit und Lage im Raume immer gleichmäßig verteilt wären? Welchen Gedankengang hat man durchzuführen, wenn man das zu erwartende Zahlenverhältnis feststellen will?

Convergenz der Reihen, binomischer Lehrsatz und Reihenentwicklung.
(§ 188a—192.)

1) Zu beweisen, daß

a) $\frac{1}{1+a}+\frac{1}{2+a}+\frac{1}{3+a}+\cdots$ divergent ist,

b) $\frac{1}{1+a}-\frac{1}{2+a}+\frac{1}{3+a}-\frac{1}{4+a}+-\cdots$ convergent ist,

c) $\frac{2}{1^2}+\frac{3}{2^3}+\frac{4}{3^4}+\frac{5}{4^5}+\cdots+\frac{n+1}{n^{n+1}}+\cdots$ convergent ist.

2) Zu entwickeln a) $\left(\frac{1}{1-x}\right)^{\frac{1}{2}}$, b) $(1-x^2)^{\frac{1}{2}}$, c) das Produkt beider und das Quadrat davon.

2) Annäherungsweise die Gleichungen zu lösen: a) $\pi^x = (x+1)^e$, b) $\left(\frac{x-1}{x+1}\right)^\pi = e^{\left(\frac{x+1}{x-1}\right)}$.

4) Die Verminderung, welche Licht auf seinem Wege durch ein hinderndes Mittel erfährt, setzt sich zusammen aus scheinbarem Verlust durch Verteilung auf wachsende Flächen und aus Umsetzung in andere Wirkungen. Nehmen wir diese letzte proportional (k) der an der betreffenden Stelle vorhandenen Intensität i und nennen die in der Entfernung 1 vorhandene Intensität i_1, so können wir als Gesetz für die Abnahme derselben mit wachsender Entfernung die Gleichung $i = i_1 . x^{-2} . e^{-kx}$ erhalten. Wie groß ist k, wenn wir in 30 m Entfernung von der Lichtquelle nur noch $\frac{1}{500}$ der Lichtstärke finden, die in 3 m Entfernung vorhanden war? In welcher Entfernung ist die Stärke auf 0,00001 gesunken?

Stereometrie.

1) Zur Konstruktion einer körperlichen Ecke sind gegeben:
   a) 2 Kantenwinkel und der eingeschlossene Neigungswinkel.
   b) 1 Kantenwinkel und die beiden anliegenden Neigungswinkel.
   c) die drei Kantenwinkel.
   d) die drei Neigungswinkel (Polar-Ecke!).

2) Man zeichne das Flächennetz einer dreiseitigen Pyramide, d. h. eines Körpers, begrenzt von 4 Dreiecken, von denen jedes mit jedem der drei andern eine Seite (Kante) gemein hat.

3) Von der Spitze einer Pyramide seien Ebenen senkrecht auf die Grundkanten gefällt: warum schneiden sie alle einander längs derselben Geraden? Welche ist das? Was für eine Schnittfigur entsteht in jeder der senkrechten Ebenen durch die gemeinsame Kante und die Schnittlinien, welche sie in denjenigen Pyramidenebenen erzeugt, auf deren Kante sie senkrecht steht? Welche Fläche erzeugt der in einer Seitenebene liegende Schnitt, wenn wir sie um ihre Grundkante in die Grundfläche hinunterklappen? Wie können wir die Höhe

und die Neigungswinkel an der Grundkante konstruieren, deren Flächennetz wir kennen?

4) Wenn zwei Höhen einer dreiseitigen Pyramide einander schneiden, wie muß dann ihre Ebene und folglich die Kante, von deren Enden beide ausgehn, zu der Gegenkante liegen? Was folgt daraus für die beiden andern Höhen?

5) Zu beweisen: Wenn eine Höhe einer dreiseitigen Pyramide durch den Höhenschnitt ihrer Grundfläche geht, so schneiden die vier Körperhöhen einander in einem Punkte und jede geht durch den Höhenschnitt ihrer Grundfläche.

6) Man lege durch zwei Kanten SA und SB, die einander in einer Ecke S schneiden, und die Mitten ihrer Gegenkanten BC und CA zwei Ebenen und bestimme die Endpunkte ihrer Schnittkante auf dem Umfange der Pyramide. Man lege durch die Mitte der dritten Kante, SC, die von derselben Ecke S ausgeht, und ihre Gegenkante AB eine dritte Ebene und bestimme das Verhältnis der Strecken, in welche sie die Kante der beiden ersten teilt. Warum schneiden alle sechs Ebenen, welche je eine Kante einer dreiseitigen Pyramide mit der Mitte ihrer Gegenkante verbinden, einander in nur einem Punkte? — Es ist der Schwerpunkt einer dreiseitigen Pyramide aus ihrem Flächennetz zu konstruieren.

7) Warum ist jeder Punkt der Ebene, welche den Neigungswinkel zweier andern halbiert, von diesen gleich weit entfernt?

8) Welches ist der geometrische Ort im Raume für die Punkte, welche von zwei gegebenen Punkten gleiche Entfernungen haben?

9) Man konstruiere den Halbmesser der Kugelfläche, welche durch die Ecken einer durch ihr Flächennetz gegebenen dreiseitigen Pyramide geht.

10) In eine Pyramide mit rechteckiger Grundfläche sei von dieser aus ein pyramidales Loch gestemmt, dessen Grundkanten denen der ersten parallel sind. Man verschiebe nun die Grundkanten desselben nach außen, bis eine nach der andern in die ihr parallele fällt, und prüfe in jedem Falle die Anwendbarkeit des Euler'schen Satzes ($E+F=K+2$). Ebenso stoße man in ein Prisma ein prismatisches Loch: 1) eins, das im Körper endigt, 2) eins, das hindurchtritt und zwar a) in einer Fläche, b) in einer Kante, c) eine Ecke fortnehmend.

11) Durch ein rechtwinkliges Parallelepipedon von den Kanten $a = 9$, $b = 12$, $c = 15$ seien drei gleichartige Löcher parallel den Kanten durch die Mitten der Flächen so gestoßen, daß die Diagonalen jeder Fläche die Diagonalen des in ihr befindlichen Lochs enthalten und jene sich zu diesen verhalten wie $m:n$ (3:2). Wie viele Flächen, Kanten und Ecken und welchen Inhalt hat der durchlochte Körper?

12) Woher rühren die Abweichungen vom Euler'schen Lehrsatz, die sich in Nr. 10 und 11 finden?

13) Ein Graben soll ausgefüllt werden. Die Endflächen sind Rechtecke, das obere 100 m lang und 11 m breit; er hat 3 m Tiefe, und seine Seiten haben 45° Böschung. Man benutzt zum Abfahren einen prismatischen Wagenkasten 2,05 m lang, 1,25 hoch, oben 1,10 und unten 0,5 breit. Wie viele Wagenladungen sind nötig?

14) Was müssen wir in den Formeln $J = \varrho \cdot \frac{a+b+c}{2}$, $J = \varrho_a \cdot \frac{b+c-a}{2}$ 2c. statt der Dreiecksseiten a, b und c, der Halbmesser der Berührungskreise ϱ, ϱ_a 2c. und des Teilers 2 setzen, wenn J nicht mehr die Fläche des zwei-dimensionalen Dreiecks, sondern den Raum des drei-dimensonalen Vierflächners bedeuten soll?

15) Zu beweisen: Den Inhalt eines schief abgeschnittenen dreiseitigen Prismas erhält man durch Multiplikation der Grundfläche mit dem dem arithmetischen Mittel der Eckhöhen der Gegenfläche, und dieses Mittel ist die Höhe ihres Schwerpunkts. Wie ist der Satz auf ein schief abgeschnittenes Prisma von beliebiger Seitenzahl und auf einen schief abgeschnittenen Cylinder zu verallgemeinern?

16) Der Kamm eines Hügels habe horizontale Kante und ebene Seiten, ebenso das Thal nebenan, beide mit gleichen Neigungswinkeln von 45°. Man will durch den Berg einen Einschnitt machen und mit dem gewonnenen Erdreich durch das Thal einen Damm schütten, beide von 45° Böschung, so daß die Fahrbahnen in einer Horizontalen fortlaufen. Wie hoch werden beide gelegt, wenn der Kamm 40 m über der Thalsole liegt und auch diese als scharfe Kante zu behandeln ist?

Aus der Inhaltsformel für den Körperstumpf soll die für die abgestumpfte Pyramide abgeleitet werden.

17) Es ist zu beweisen, daß Cylinder, Kegel und Restkörper (§ 228) unter den Begriff des Körperstumpfes subsummiert werden können. Es ist geometrisch zu beweisen: a) Die Inhaltsformel für den Körperstumpf muß auch auf die Kugelscheibe Anwendung finden, und deren besondere Formel ist aus jener herzuleiten. b) Sie gilt auch für ein Konoid, welches man folgendermaßen erhält. An den Umfängen zweier Figuren, welche in parallelen Ebenen liegen, läßt man eine Gerade entlang gleiten, so daß sie in ihre Anfangslage allmählich zurückkehrt, ohne je an einer der Figuren zurückgegangen zu sein.

18) Was für Figuren sind die Seitenflächen eines Körperstumpfs? Wie liegen die Seiten des Mittelschnitts zu den Kanten der Endflächen? Es sei durch Parallelstrahlen der Körperstumpf auf seine Grundfläche projiciert. Wie stellen sich die Endflächen dar und wie die Seitenkanten? Wie können wir den Mittelschnitt einzeichnen? Zu welcher Kante oder welchen Kanten der Endflächen steht eine bestimmte Kante des Mittelschnitts in einem unabänderlichen Verhältnis und in welchem? Was für Gesichtspunkte ergeben sich daraus für die Berechnung des Mittelschnitts?

19) Ein Körperstumpf von der Höhe h ist zu berechnen, dessen Grundriß ein Rechteck (Kanten a und b) und ein mit zwei Seiten (c) auf dessen Seiten fallendes Quadrat bildet.

20) Man denke sich ein Prisma, die Endflächen unveränderlich, die Seitenkanten in ihrer Richtung verschieblich und um die Ecken drehbar, als ob sie durch eine drehbare Ecköse gingen, und drehe nun die eine Endfigur um einen Winkel δ um irgend einen Punkt in ihrer Ebene. Die vier Eckpunkte, welche am Prisma ein Seitenparallelogram bestimmten, liegen nun nicht mehr in einer Ebene. An die Stelle des Seitenparallelogramms treten zwei Dreiecke, welche längs einer neu entstandenen Kante zusammenhängen. Diese Bruchkante kann längs der einen Diagonale des bisherigen Parallelogramms entstehen oder an der andern. Das eine Mal hat der Mittelschnitt an ihr den Winkel $(2R-\delta)$, das andere Mal $(2R+\delta)$. Die beiden Körperstumpfe, in deren einem die Mittelschnittswinkel an allen Bruchkanten $(2R-\delta)$ und, in deren anderm sie alle $(2R+\delta)$ sind,

können wir durch das angehängte Zeichen + oder — unterscheiden; nur die Berechnung dieser Arten wird verlangt.

Ausgang ein gerades Prisma.

a) Endflächen gleichseitige Dreiecke,
Drehpunkt: 1) Schwerpunkt, 2) Eckpunkt,
α) $\delta = 30^\circ$, β) $\delta = 60^\circ$, γ) $\delta = 90^\circ$.

b) Endflächen Quadrate,
Drehpunkt: 1) Schwerpunkt, 2) Eckpunkt, 3) Mittelpunkt einer Seite,
α) $\delta = 45^\circ$, β) $\delta = 90^\circ$,

c) Endflächen regelmäßige Sechsecke,
Drehpunkt wie oben,
$\delta = 30^\circ$, 60°,

d) Endflächen: Rechtecke von den Seiten a und b,
Drehpunkt wie oben,

$$\delta = 90^\circ, \quad 180^\circ, \quad \tan\delta = \frac{a}{b},$$

e) Endflächen: rechtwinklige Dreiecke,
Drehpunkt: 1) Schwerpunkt, 2) Mittelpunkt des Innenkreises, 3) Ecke des rechten Winkels, 4) Mitte der Hypotenuse, 5) Mittelpunkt des Eckenkreises,

$$\delta = 90^\circ, \quad 180^\circ, \quad \tan\delta = \frac{a}{b}.$$

Als Zahlenbeispiele mögen dienen $a = 3$, $h = 5$, $b = 4$.

21) Ein Körperstumpf soll berechnet werden, dessen Deckfläche sich durch Parallelprojektion so auf der Grundfläche abbilden läßt, daß ihre Ecken mitten auf deren Seiten fallen:

Grundfigur a) ein Quadrat,
b) ein gleichseitiges Dreieck,
c) ein Rechteck,
d) ein regelmäßiges Sechseck.

22) Man schneide einen geraden Kreiscylinder vom Halbmesser b durch eine schiefe Ebene und beweise, daß die Flächenzahl der Schnittfigur (Ellipse) $= a.b.\pi$, wenn ihre lange Halb-Achse $= a$. Zwei um 90° gegen einander verdrehte Ellipsen von den Halbachsen a und b liegen in parallelen Ebenen von der Entfernung h, mitten zwischen ihnen

ein Kreis vom Halbmesser $\frac{a+b}{2}$; die Mittelpunkte liegen in einer Senkrechten. An den drei krummen Linien gleitet eine Gerade so entlang, daß sie in ihre Anfangslage wieder übergeht. Die von ihr erzeugte konoidische Fläche grenzt zwischen den beiden Ellipsenflächen einen Körperstumpf ab. Wie lautet die Formel für seinen Raum?

23) Es soll (nach der Guldin'schen Regel) die Formel für den Inhalt und die Oberfläche des Ringes abgeleitet werden, der entsteht, wenn der Mittelpunkt eines Kreises vom Halbmesser r senkrecht zu dessen Fläche einen Kreis vom Halbmesser R beschreibt

$$(r = \pi = 3{,}14159265, \quad (r - R) : R = R : (R + r)).$$

24) Es soll der Inhalt eines Ringes (Halbmesser R) bestimmt werden, den eine Ellipsenfläche (Axen a und b) auf dieselbe Weise beschreibt ($b : a = a : R$, $b = \pi$).

25) Es sind die Oberflächen der Erdzonen zu vergleichen unter der Voraussetzung, daß die Erdoberfläche als Kugel behandelt werden könne.

26) Was für eine Linie ist die Beleuchtungsgrenze auf einer Kugel für parallele Strahlen, und wie liegt sie zu diesen? Wie verhalten sich die Teile, in welche der Parallelkreis in $\beta = 50^\circ 30'$ n. Br. durch die Beleuchtungsgrenze geteilt wird, wenn das Licht auf einem Punkte des Parallels von $\delta = 23^\circ 27' 30''$ n. Br. senkrecht scheint. Was bedeuten diese Teile zeitlich?

27) Zwei Kreise in einer Ebene mögen die Halbmesser R und r, ihre Mittelpunkte die Entfernung $e (> R + r)$ haben. Trigonometrisch soll der Winkel bestimmt werden, den die äußern gemeinsamen Tangenten mit einander einschließen, und ebenso der der innern. Wie groß ist der Bogenabstand der Berührungspunkte auf dem kleinern Kreise? Wie lange dauert der Sonnenuntergang zur Zeit der Tag- und Nachtgleiche auf dem Äquator? Welchen Durchmesser hat die äußerste Grenze (Halbschatten) des Erdschattens und welchen ihr Kernschatten in der Entfernung des Mondes bei mittlerer Entfernung der Weltkörper? Wie lange dauern die einzelnen Teile der Mondverfinsterung, wenn der Mond durch die Mitte des Erdschattens geht?

28) Um wie viel ist der Äquator länger als der Parallel der Breite $\beta = 51^\circ 30'$? Welche Bewegung müßte ein Punkt zu haben

scheinen, der vom Äquator ohne Änderung seines Bewegungszustandes auf jenen versetzt würde, wenn er auf dem Äquator ruhte? Mit welcher scheinbaren Geschwindigkeit muß Wind, der vom Äquator in rein nördlicher Richtung mit 30 m Geschwindigkeit fortweht, auf dem Parallel $\beta = 51°30'$ n. Br. anzukommen scheinen, wenn er unterwegs in jeder Richtung 10 pCt. Geschwindigkeit verloren hat?

29) Wie verhält sich auf dem Parallel von 51°30′ n. Br. die Mittagsbestrahlung am kürzesten zu der am längsten Tage? Die Intensität ist proportional dem cos des Einfallswinkels und der —2-ten Potenz der Entfernung. Die Erde ist an unserm längsten Tage im Aphel = 24400 Erdhalbmessern und am kürzesten im Perihel (23600).

30) Die Spitzen der Strahlen eines Nordlichtes sollen bis 520 km aufschießen. Wie viel Grad umfaßt dann der Halbmesser seiner Sichtbarkeitsgrenze?

31) Wie groß ist die Höhe des größten einer gegebenen Kugel einzufügenden Kegels?

32) Man zeichne um eine Ecke eines gleichseitigen Dreiecks nach außen einen Kreisbogen von Schenkel zu Schenkel mit der halben Seite als Halbmesser, um die andern ebensolche nach innen, drehe das Ganze um die von der ersten Ecke gefällte Höhe und berechne den Inhalt des so gebildeten ballonförmigen Körpers.

33) Man zeichne mit der halben Seite eines Quadrats um die Enden der einen Diagonale: Viertelskreise nach innen und um die der andern: Dreiviertelskreise nach außen, drehe die Figur um die letzte Diagonale und berechne den Inhalt des so gebildeten hantelförmigen Körpers.

34) Man konstruiere den Mittelquerschnitt des Pyramidenwürfels $(ma : a : \infty a)$ senkrecht zu den Würfelkanten und untersuche, für welchen Wert von m der zugehörige Halbflächner ein regelmäßiger Fünfeckszwölfflächner wird.

Sphärische Trigonometrie.

1) Eine der Erdachse parallele Stange wirft auf eine dem Äquator parallele Ebene ihren Schatten. Was für eine Bewegung würde dieser tagüber ausführen, wenn die Erde ihre Lage gegen die Sonne nicht änderte?

2) Eine der Erdachse parallele Stange wirft auf eine horizontale Ebene unter 51°30′ n. Br. ihren Schatten im Sonnenlicht. Welchen Winkel muß er um 3 Uhr Nachmittags (Ortszeit) mit der Südrichtung bilden?

3) Wie Nr. 2; aber die Stange senkrecht.

4) Eine dreiseitige Pyramide sei an der Ecke A durchaus rechtwinklig und habe die Kanten: $AS = 20$, $AB = 15$, $AC = 48$. Wie groß ist der Winkel BSC? Wie groß sind die Neigungswinkel an den Kanten SB und SC?

5) Man wirft eine Kugel vom Halbmesser R in ein körperliches Dreikant der Neigungswinkel A, B und C. Wo liegen die Berührungspunkte, wie weit von der Ecke der Mittelpunkt? Wie groß ist der Halbmesser R der kleineren Kugel, welche diese Kugel und die drei Seitenebenen berühren würde? Wie groß ist die Summe der ersten und aller Berührungskugeln bis in die Ecke?

6) Zwei einander unter einem Winkel α schneidende Wellen sind durch ein Hook'sches Gelenk verbunden; d. h. ihre Enden sind zu Gabeln ausgearbeitet, deren Zinken-Enden die Lager für ein in sich festes rechtwinkliges Achsenkreuz bilden. Es drehe sich die eine Gabel aus der Ebene der beiden Achsen um einen Winkel $\varepsilon = 60°$; um wie viel muß sich die andere aus der dazu senkrechten Ebene drehen? Wie verhalten sich die Drehgeschwindigkeiten in dieser Lage, d. h. wie verhält sich die erzwungene Bewegung der zweiten Welle zur bewirkenden der ersten, wenn diese unendlich klein ist?

7) Es soll ein rechtwinkliges Achsenkreuz auf eine Ebene durch rechtwinklige Strahlen so projiciert werden, daß

a) die Längeneinheiten auf der einen im Verhältniß 4:5, auf einer andern wie 5:12 verkürzt erscheinen,

b) daß die projicierten Einheiten sich zu einander verhalten wie 4:5:12,

c) daß die Winkel des projicierten Kreuzes 110°, 120° und 130° groß werden. Welche Werte haben von den drei Verkürzungsverhältnissen und den drei Achsenwinkeln die nicht gegebenen Stücke?

8) Man zeichne nach Nr. 7 ein projiciertes Achsenkreuz und verbinde die Enden, so hat man die Kanten eines regelmäßigen Oktaeders dargestellt. Verbindet man je zwei Enden mit dem auf die

doppelte Entfernung hinausgeschobenen Ende der dritten, so hat man die Spuren, welche die Seitenebenen des bestimmten Pyramidenoktaeders $(2a:a:a)$ in den Achsenebenen erzeugen und muß nur noch jeden Schnitt zweier Spuren mit dem gegenüberliegenden Achsenende verbinden, um die aus den Oktaederflächen heraustretenden Kanten der ihnen aufgesetzten Pyramiden zu erhalten. Wie ist hiernach

a) das Pyramidenoktaeder $(3a:a:a)$,

b) das Rhombendodekaeder $(\infty a:a:a)$,

c) der Vierundzwanzigflächner $(2a:a:2a)$,

d) der Würfel $(\infty a:a:\infty a)$,

e) der Pyramidenwürfel $(\infty a:a:2a)$, der Achtundvierzigflächner $(2a:a:3a)$ zu zeichnen? — Einen Halbflächner erhalten wir dadurch, daß wir in regelmäßiger Weise (Abwechselung der einzelnen Flächen oder der Paare) die Flächen eines Stammkörpers in zwei Gruppen einteilen und die Flächen der einen Gruppe so wachsen lassen, daß die der andern verschwinden. Man zeichne das Tetraeder als Halbflächner des Oktaeders und das Pentagondodekaeder als Halbflächner des Pyramidenwürfels.

9) Wie groß sind die Neigungswinkel an den zweierlei Fünfeckskanten des krystallographischen Pentagondodekaeders $\frac{\infty a:a:2a}{2}$; wie groß die des stereometrischen (regelmäßige Fünfecke)?

10) An einem Diploeder (Halbflächner, welchen man aus dem Achtundvierzigflächner $(ma:a:na)$ erhält, indem man je ein Paar Flächen, die in einer Achsenebene zusammenstoßen, als untrennbar behandelt) sind die Neigungswinkel an den Kanten in den Achsenebenen gemessen und die bereits dem Vollflächner angehörigen $= 146^\circ\,47'\,48{,}9''$, die dem Halbflächner eigentümlichen $= 129^\circ\,14'\,46{,}1''$ gefunden. Wie heißen die Achsenkoeffizienten m und n?

11) Die drei Grundkanten eines Vierflachs seien $AB = 13$, $BC = 5$, $AC = 12$, die drei aufsteigenden $SA = 5$, $SB = 12$ und $SC = 13$. Es sollen die sämtlichen Winkel berechnet werden.

12) Auf der Karte ist der Horizontalwinkel $ABC = 70^\circ\,30'$, die Horizontalentfernung $AB = 17$ km, $BC = 23$ km gemessen. Man weiß, daß A 400 m tiefer liegt als B und C 2600 m höher. Wie groß ist der wirkliche Winkel ABC?

13) Ein Schiffschronometer zeigt bei der Kulmination eines gewissen Sterns nach Greenwicher Zeit 3 Stunden 30 Minuten früher, als der Stern in Greenwich (51° 28,6′ n. Br., 0° 53′ 35″ w. von Berlin) kulminiert. Seine Zenithdistanz ist 10° 11′ kleiner geworden. Wo befindet sich das Schiff?

14) Ein Schiff segelt von Teneriffa (+ 28° 27,9′ n. Br., + 2° 0′ 10″ w. L.) ab und will auf kürzestem Wege nach Rio de Janeiro (22° 54,4′ s. Br. 3° 46′ 14″ w. L. von Berlin). Welche Richtung muß es anfangs einschlagen?

15) Auf welchem Parallel scheint am 1. Februar die Sonne senkrecht?

Analytische Geometrie.

A.

1) Was bedeutet $x = a$ als Linie?

2) Wo schneiden die drei Geraden 1) $\frac{a+b}{c} \cdot y - x = b$, 2) $x = a$, 3) $y + \frac{a+b}{c} \cdot x = \frac{a^2+ab+c^2}{c}$ die X-Achse?

3) Wo liegt der vierte harmonische Punkt zu den drei Schnittpunkten der vorigen Aufgabe?

4) Wo schneiden die Geraden 1) und 2) der Aufgabe 2) einander?

5) Wie heißt die Gleichung der Geraden, welche durch die in den Aufgaben 3) und 4) gesuchten Punkte geht?

6) Die drei Strahlen $y - x = 2$, $x = 1$ und $y + x = 4$ seien den drei Strahlen $x + y = 2$, $y = 1$ und $y - x = 0$ in dieser Reihenfolge zugeordnet. Wo liegen die beiden Büschelmittelpunkte? Wie heißt die Gleichung des Strahls im ersten Büschel, welcher die X-Achse im Punkte x schneidet? In welchem Punkte muß sie von dem zugeordneten Strahle des zweiten Büschels geschnitten werden? Wo schneiden die beiden einander zugeordneten Strahlen einander? Wie heißt also die Gleichung der durch diese Büschel bestimmten Kurve?

7) Es ist zu beweisen, daß durch die zwei Punkte der Y-Achse $y = b_1$ und $y = b_2$ und die zwei Punkte der X-Achse $x = a_1$ und $x = a_2$ außer den beiden Achsen noch folgende vier Gerade bestimmt

werden: 1) $\frac{x}{a_1}+\frac{y}{b_1}=1$, 2) $\frac{x}{a_2}+\frac{y}{b_2}=1$, 3) $\frac{x}{a_1}+\frac{y}{b_2}=1$, 4) $\frac{x}{a_2}+\frac{y}{b_1}=1$, daß die neu entstehenden Schnittpunkte dieser vier die Verbindungs-Gerade

$$x\left(\frac{1}{a_1}+\frac{1}{a_2}\right)+y\cdot\left(\frac{1}{b_1}+\frac{1}{b_2}\right)=2,$$

daß diese mit dem Strahl vom Nullpunkte

$$\frac{y}{x}=\frac{\frac{1}{a_1}-\frac{1}{a_2}}{\frac{1}{b_2}-\frac{1}{b_1}}$$

ein Paar harmonischer Strahlen zu den Grundstrahlen 3) und 4) bildet und die Koordinatenachsen in den Punkten

$$x=\frac{2}{\frac{1}{a_1}+\frac{1}{a_2}} \quad \text{und} \quad y=\frac{2}{\frac{1}{b_1}+\frac{1}{b_2}}$$

schneidet (§ 110).

8) Wie lauten die Gleichungen für die Koordinaten des Schnitts der Parabeln $y=\frac{1}{a}\cdot x^2$ und $x=\frac{1}{b}\cdot y^2$? Welche graphische Methode für die Ausziehung der Kubikwurzeln ergiebt sich daraus?

9) Warum ist es nicht möglich, die Lösung jeder Gleichung vierten Grades auf den Schnitt zweier Kreise zurückzuführen?

10) In einer geordneten Gleichung $n$ten Grades ist der Koefficient der $(n-1)$ten Potenz die Summe der Wurzeln. Daraus ist zu beweisen, daß, wenn ein Kreis eine Parabel $y^2=2px$ in vier Punkten schneidet, die Summe ihrer Ordinaten $=0$ ist.

11) Was bedeutet die Gleichung $y=x^2$? Wie lautet die Gleichung für diese Linie, wenn sie um $+\eta$ nach der Richtung $+Y$ und um $+\xi$ nach $+X$ verschoben ist? Was bedeutet also $y^2=x^2+bx+c$, was $y=0$, was also die Verbindung

$$\left.\begin{array}{l} y^2=x^2+bx+c \\ y=0 \end{array}\right\}?$$

12) Was bedeuten geometrisch die beiden Gleichungen

$$y=x^2+bx+c \quad \text{und} \quad xy=d$$

und was ihre Verbindung? Was ergiebt sich daraus durch Elimination von y? Was bedeutet die Verbindung der beiden Gleichungen also algebraisch?

13) Um wie viel und nach welchen Richtungen muß man die Parabel $y=x^2$ parallel der Y-Achse und um wie viel ∥ der X-Achse verschieben, damit ihre Gleichung die Form $y=x^2+7x-11$ erhalte? Wie lautet die (Asymptoten-) Gleichung der rechtwinkligen Hyperbel, welche zur zeichnerischen Lösung der Gleichung

$$x^3+7x^2-11x-13=0$$

nach der hier (11—14) angedeuteten Methode*) nötig ist?

14) Wenn man nach der eben angedeuteten Methode die Gleichung $z^4+Az^3+Bz^2+Cz^2+D=0$ durch die bewegliche Parabel $y=x^2$, d. h. $y=x^2+bx+c$ mit Koefficienten b und c, welche nach Bedürfnis bestimmt werden können, und die hyperbolische Linie $x^2y=e$ auf Millimeterpapier lösen will, so muß das Polynom erst so transformiert werden, daß das Glied mit der ersten Potenz der Unbekannten fortfällt. Das wird erreicht durch die Substitution $z=\frac{1}{x-\frac{C}{4D}}$. Wie lautet die Gleichung der hyperbolischen Linie, die mit der Parabel $y=x^2$ zur Lösung der Gleichung

$$x^4+6x^3+8x^2-2x-1=0$$

führt, und in welche Lage zum Achsenkreuz muß sie gebracht werden?

B.

Es sollen die geometrischen Örter für einen Punkt angegeben werden, dessen Lage folgenden Bedingungen genügt:

1) seine Entfernung von einem festen Punkte
   a) bleibt konstant,
   b) wächst proportional
      α) der Drehung des Strahls von einer Anfangslage aus (Polarkoordinaten!),
      β) dem sin dieses Winkels,
      γ) seinem cos,
      δ) seiner tan,
      ε) seiner cot. Die beiden letzten Örter sollen auch in Orthogonalkoordinaten ausgedrückt werden;

*) Reuschle, Auflösung der numerischen Gleichungen. Stuttgart 1884.

2) die Fahrstrahlen von zwei festen Punkten nach ihm
   a) schließen
      α) über der Verbindungslinie der Centra ein Dreieck von konstantem Inhalt ab,
      β) mit einander einen Winkel von gegebener Größe ein,
   b) haben
      α) ein konstantes Verhältnis
      β) eine konstante Differenz der Quadrate,
      γ) eine konstante Summe der Quadrate,
      δ) ein konstantes Produkt,
      ζ) eine konstante Summe,
      η) eine konstante Differenz,
   c) schließen mit der Grundlinie Winkel ein
      α) von konstantem Verhältnis der tan,
      β) " " " " sin,
      γ) " " " " cos,
      δ) " " Produkt der tan,
      ε) " " " " sin,
      ζ) " " " " cos,
      η) von konstanter Summe der cot,
      ϑ) " " " " tan,
      ι) " " Differenz der cot,
      κ) " " " " tan,
      λ) " " " des Winkelwerts;
3) seine senkrechten Abstände von zwei gegebenen Geraden haben
   a) ein vorgeschriebenes Verhältnis,
   b) eine vorgeschriebene Summe,
   c) eine vorgeschriebene Differenz,
   d) ein vorgeschriebenes Produkt;
4) er teilt nach vorgeschriebenem Verhältnis
   a) die Abschnitte von parallelen Geraden, welche zwischen zwei festen Geraden liegen,
   b) die Abstände eines festen Punktes von einem Punkte, welcher sich
      α) auf einer festen Geraden,
      β) auf einem festen Kreise bewegt;

5) seine Abstände von zwei festen Punkten haben
a) ein vorgeschriebenes Verhältnis (z. B. der Gleichheit),
b) ein vorgeschriebenes Produkt
c) einen vorgeschriebenen Unterschied
d) eine vorgeschriebene Summe;

6) die Summe oder die Differenz der Intensität der Bestrahlungen, welche er von zwei festen Punkten empfängt, deren Strahlungen von einander unabhängig sind, aber gleich bleiben*), ist constant;

7) er ist von einem festen Punkte aus durch Rückprall an einer festen Geraden, welcher nach dem Reflexionsgesetze des Lichts geschieht, so zu erreichen, daß die Teile des Weges
a) ein vorgeschriebenes Verhältnis,
b) ein vorgeschriebenes Produkt,
c) eine vorgeschriebene Summe der Quadrate,
d) eine vorgeschriebene Differenz der Quadrate,
e) eine vorgeschriebene Summe der reciproken Quadrate,
f) eine vorgeschriebene Differenz der reciproken Quadrate,
g) eine vorgeschriebene Summe,
h) einen vorgeschriebenen Unterschied haben.

Die berechneten Linien sind auch zu zeichnen.

8) Wenn man in Nr. 2 *aα* den Winkel fest hält und die Gegenseite an seinen Schenkeln verschiebt; was für eine Linie beschreibt dann ein beliebiger Punkt derselben?

C.

1) Zwei Ellipsen von den Halbachsen a und b sind gegen einander um 90^0 verdreht und liegen in parallelen Ebenen so, daß auf diesen die Verbindungslinie ihrer Mittelpunkte senkrecht steht. In einer Ebene mit dieser Verbindungslinie liegt eine Gerade, welche die beiden Ellipsen schneidet, und wird an denselben entlang geführt

*) Die Intensität i in der Entfernung r wird aus der Intensität J in der Entfernung 1 nach der Formel berechnet $i = \frac{J}{r^2}$. Die Curve ist, wenn $J_1 = J_2$ die Cassini'sche. Wenn die verlangte Intensitätssumme die ist, welche im Falle gleicher Strahlungskraft mitten zwischen den Fixpunkten herrscht, so erhalten wir die Lemniskate.

durch Drehung der Ebene um die Verbindungslinie der beiden Mittelpunkte. Dadurch grenzt sie zwischen den beiden Ellipsenebenen einen Körperstumpf von konoidischem Mantel ab. Die Gleichung für dessen Mittelschnitt soll abgeleitet werden. (Vgl. Stereometrie Nr. 22).

2) Ein Dreieck ist bestimmt durch die Grundlinie $a = 70$ cm, den Inhalt $F = 700$ qcm und

a) die Summe der beiden andern Seiten $(a + c) = 127$ cm,

b) den Unterschied der beiden andern Seiten $(b - c) = 13$ cm,

c) das Produkt der beiden andern Seiten $b.c = 1911$ qcm,

d) die Summe der Quadrate derselben $(b^2 + c^2) = 3331$ qcm.

Wie lang ist die Höhe h, und wo steht sie auf der Grundlinie.

3) Eine Ellipse, deren Achsen auf die Koordinatenachsen fallen, geht durch zwei gegebene Punkte ($x_1 = 2$, $y_1 = 3$; $x_2 = 5$, $y_2 = 2$); die Längen ihrer Achsen und ihre Brennpunkte sollen bestimmt werden.

4) Was bedeuten die Gleichungen:

$$\frac{x^2}{a^2} + \frac{y^2}{a^2 - e^2} = 1 \quad \text{und} \quad \frac{x^2}{\alpha^2} - \frac{y^2}{e^2 - \alpha^2} = 1,$$

und wie liegen die Linien zu einander? Wo schneiden sie einander? Wie lauten die Gleichungen der Tangenten in einem der Schnittpunkte? Wie groß sind die Winkel, welche sie einschließen? Was bedeutet

$$\left\{\frac{x^2}{a^2} + \frac{y^2}{a^2 - e^2} - 1\right\} \cdot \left\{\frac{x^2}{\alpha^2} - \frac{y^2}{e^2 - \alpha^2} - 1\right\} = 0?$$

5) Man beschreibt über einer festen Grundlinie AB Dreiecke a) mit gleicher Summe, b) mit gleichem Unterschiede α) der beiden andern Seiten, β) ihrer Quadrate; welches sind die geometrischen Örter für 1) die Spitze C, 2) den Schwerpunkt S, 3) den Höhenschnitt H, 4) den Mittelpunkt des Umkreises M, 5) des Inkreises N, 6) des Ankreises N_3?

Papier | Fördert gute Waldnutzung
FSC® C083411

Zeitfracht Medien GmbH
Ferdinand-Jühlke-Straße 7
99095 Erfurt, Deutschland
produktsicherheit@kolibri360.de